町工場の娘

主婦から社長になった２代目の10年戦争

諏訪貴子

nbb
日経ビジネス人文庫

文庫化によせて

初めまして、諏訪貴子です。このたびは文庫版『町工場の娘』を手に取っていただき、ありがとうございます。本書の単行本が発売されたのは２０１４年、今から約10年前のことです。そして、それから10年が経過し、再び文庫本という形で皆様とこうしてお会いできるとは思っておりませんでした。

本当に長期間にわたり『町工場の娘』を愛してくださり、お薦めなどを通じて、多くの皆様にお読みいただいたからこそ、今回の文庫化を実現できました。皆様には感謝しかございません。

さて、本書は先代社長である父の緊急入院の前後から、起きた出来事をかなり具体的に書いております。実は、これは父が入院した日から日記をつけていたからなのです。

その日記の最後のページには「こんな経験は誰もがするものではない。こうなる前に事業承継の準備をしっかりしてもらいたい。だから、いつかこの日記を本として出したい」と綴《つづ》っておりました。しかし、まさかそれが現実になるなんて、当時は全く予想していませんでした。

以前から、「ドラマみたいな人生だね」と周囲に言われてきましたが、なんと！　２０１７年には、ＮＨＫで連続ドラマ化までされました。本書を通じて、本当に貴重な経験をたくさんさせていただきました。お力添えいただいた皆様には本当に感謝をしております。そして、強い思いは実現するのだ、と改めて感じております。

私は現在も全国で講演活動をしております。20年前は、会場で聴講される方が男性ばかりでしたが、最近は明らかに女性も増えてきました。

講演後、参加された女性経営者の中には「会社を継ぐか悩んでいましたが、本を読み、背中を押されました」とか、「事業を継承する時に銀行に本を薦められて読みました」「私も同じような経験をして共感しました」「元気をもらいました！」というご感想をくださる方がいらっしゃいます。また創業者の方からも「娘しかいないから、家族への承継はあきらめていたが、娘と話をして会社を継いでくれることになった」など、多くのお声がけをいただき、大変うれしく感じております。

そして、ここ数年、事業承継だけではなく、経営改革やDX化、人材確保・育成などが中小企業の課題となっています。本書をお読みいただく皆様は、それぞれ業界も違えば、抱える課題も様々だと思います。また、私の事例や考え方、手法など、そのすべてが皆様の状況に当てはまるとは思っておりません。ですが、この本の中に何か1つでも皆様のお役に立てるものがあれば幸いでございます。講演にもぜひいらしてください。いつかお会いできる日を楽しみにしております。

2024年春　諏訪　貴子

＊会社名、肩書を含め、本文中の表記、表現は、原則として単行本発行時のままとなっています。

はじめに

「社長」と呼ばれるようになって10年が経つ。父の急逝を受けて、一介の主婦から町工場の2代目に。それから、もう10年なのか、まだ10年なのか。

思わぬ受注増という追い風が吹いたり、100年に一度の経済危機と言われたリーマンショックがあったりした。なぜ、自分が社長の時に「100年に一度」が来なければならないのか。当時はついていないとも思ったが、今となれば良い経験だ。

お客様が必要としてくれること、仕事があること、社員さんがいてくれることのありがたみを実感できた。そして、自分が意外にも強くなっていることもわかった。もう、「社長の仕事」とインターネットで検索した10年前の私ではない。

ダイヤ精機で働く私たちは、東京都大田区でものづくりに取り組めることを誇りに思っている。それは大田区が町工場の集積地だからだ。高度成長期、父をはじめ、ものづくりに携わる人々は、幼い私の目に輝いて見えた。輝く時代をもう一度この目で見たい。

しかし、現状は工場数の減少が止まらない。予想はしていた。そのため、少しでも参考になればと、2006年から講演などで自分の経営手法を公開し始めた。大田区だけでなく、製造業だけでもなく、この激変する経済環境の中で中小企業が生き残るためには知恵の共有が欠かせないと考えたからだ。

私の講演はすぐに役立つ、効果が出るというものではない。ダイヤ精機でのこの10年の取り組みを紹介している。

聴講してくださる方々の課題は様々、受け取り方も様々である。だから、参考となるヒントなり、考え方なりを1つでも持ち帰っていただきたいと思っている。それもなければ、せめてモチベーションだけでもと思い、続けてきた。

講演内容も初めは生産管理についてのみだったが、その後、事業承継、社内改革、人材の確保・育成とテーマが広がっていった。その結果、ありがたいことに、聴講された皆様から「本を出してほしい」というリクエストを頂くまでになった。

最近では、中小企業関係者から直接相談を持ち込まれるケースも増えてきた。高度成長期に創業した企業が事業承継の時期を迎えているからだろう。中には、少子化の影響かもしれないが、「後継ぎが娘しかいない」という相談もある。

10年前であれば、「娘しかいないから、子供に継がせるのはあきらめる」というのが常識だったかもしれない。しかし、時代は変わり、今や国を挙げて女性の活躍を後押しし始めている。私が社長になった時とは様変わりだ。10年の歳月は常識さえも変える。

親の七光り…。確かに。私は父の築いた土台があったからこそ、ここまで来ることができた。そして、これからの10年こそ、本当に私が経営者としての真価を問われることになると思う。

自分の力で未来を切り開いていく新たな出発点。だから、この節目で過去を振り返り、自分の頭と心を整理し、これから進むべき方向を定めるための記録を残そうと思った。同時にこの記録がほんの少しでも誰かの役に立てるのであればうれしい。これから書き記す「町工場の奮闘記」をぜひお読みいただきたい。

私の社長就任を知らずに天国に旅立った父、故・諏訪保雄に捧《ささ》げる。

目次

第2章 手探りの会社再生　81

［第3章］私の仕事論

［第1章］

突然、渡されたバトン

「お父さまは急性骨髄性白血病を発症しました。余命はあと4日ほどと思います」

2004年4月、冷たい雨の降る夜。私は東京都新宿区の慶応義塾大学病院にいた。父がその日、会社で体調を崩し、病院に運ばれたと聞いて急いで駆けつけたのだ。

医師が発したのは、想像もしていない言葉だった。

余命4日???

一瞬、何を言われているのか、よくわからなかった。

父の容態が深刻で、あとわずかな命であることを理解するにつれ、足が震えて止まらなくなった。

愕然《がくぜん》とする私の脳裏に、同じ白血病でわずか6歳の時に夭逝《ようせい》した兄のことが思い浮かんだ。

「お兄ちゃんがお父さんを迎えに来ちゃった……」

「余命4日」の衝撃

父・諏訪保雄はものづくりの町、東京都大田区でダイヤ精機という社員30人弱の町工場を経営していた。ダイヤ精機は小さいながらも日産自動車など大手企業を取引先に持ち、自動車部品用のゲージ（測定具）や治工具、金型などの設計・製造を請け負う重要な役割を担っていた。

虫の知らせだったのだろうか。その日、私はたまたま6歳の長男を連れて実家に泊まりに行っていた。中小企業経営者として忙しい毎日を送る父だが、私が実家に来ていると知っているから、その日は仕事を調整して、なるべく早く帰って来てくれるはずだった。

母と息子と3人で食事をしながら、父の帰りを待っていた夜7時ぐらいのこと。当の父から電話がかかってきた。

「実は今、病院にいるんだ。少し入院しなくてはいけないらしい。先生が状況を説明してくれるそうだから、今から来てくれないか」

会社で具合が悪くなった父を社員が病院へ連れて行ってくれたところ、そのまま入院となったという。

父からの電話で初めてそれを知った私は慌てて病院へ向かった。病弱で夜の外出が難しい母の代わりに近くに住む叔父を呼び、一緒について来てもらった。

タクシーで病院に行く道中、「何が起きたのだろう」「どこが悪いのだろう」と次から次へと疑問が湧いた。

父は前年9月、定期検診で初期の肺がんが見つかっていた。手術で腫瘍部分を切除。無事成功し、抗がん剤治療も始めた。医師からは「5年生存率80%」と聞いて安心していた。順調に治療が進んでいると思っていた中での突然の入院だった。

病院に到着し、父の入院する病棟に向かう。病棟内の一室に通され、待っていると担当医師がやって来た。そして、その医師が沈痛な面持ちで発したのが冒頭の言葉だ。あまりにも急な「余命4日」の宣告。私の頭は真っ白になった。

父がダイヤ精機の社長であること、東京商工会議所の大田支部会長を務めていることを知っていた医師は「責任ある立場にいらっしゃる方です。言い残したいこともあるでしょう。告知を検討してください」と伝えてきた。

呆然としていた私だが、その言葉で我に返り、すぐに返答した。

「会社は私が何とかします。父には最後まで生きる希望を捨てずに旅立ってほしい。告知はしません」

その後、父のいる病室へ向かった。

「お父さん、ちょっと肺炎を起こしたみたい。手術の後だから慎重に入院して様子を見るようだけど、しっかり治療を受ければちゃんと元気になるそうだから頑張って」

笑顔で励ました。

病院を出ると、叔父にタクシーを拾いに行ってもらった。実家を出る時から降っていた雨は、さらに激しさを増していた。

「家族の中で父親と子供の2人が白血病を発症するのは宝くじに当たるよりも珍しいことです」

医師に言われた言葉が甦《よみがえ》ってきた。

兄と同じ白血病で父が逝ってしまう――。何という因縁だろう。

雨音を聞いているうちに堪えきれなくなり、その場にしゃがみ込み、兄のいる天を見上げて号泣した。

だが、私は悄然《しょうぜん》としているわけにはいかなかった。社長である父が急に入院し、数日後にはいなくなってしまうという現実。今のうちに事業承継のために必要なことを進めておかなくてはならない。

暗証番号が「最期の言葉」

翌日、旅行から帰ってきたばかりの姉に父の世話を任せ、私は久しぶりにダイヤ精機に向かった。会社には小さい頃からよく出入りしていた。社会人になってからも、短期間ではあるが2度、総務部に所属して働いたことがある。社員の多くとは顔見知りだった。

幹部社員数人を呼び、父が病院で「余命4日」と宣告されたことを説明した。みんな思ってもいなかった事態に驚きを隠せなかった。だが、動揺しながらも、「自分たちはいつも通り、やるべき仕事をやりますから、大丈夫です」と言ってくれた。

「よろしくお願いします」

彼らに頭を下げ、私は経理部の社員とともに、社長室の棚や机の引き出しの中のものを手当たり次第にひっくり返し、事業承継に必要な通帳、実印、権利書などを探し始めた。

それまで、父が倒れるなど考えたこともなかったから、事業承継の準備は全くしていなかった。

棚の中をガサゴソと探している時、大量の薬が入った紙袋が出てきた。おそらく、痛み止めか何かだったのだろう。父が万全でない体調を押して仕事をしていたことを知って心が痛んだ。

それまで、ダイヤ精機は父が1人ですべてを取り仕切っていたため、父にしかわからないことが山ほどあった。

預金通帳がない。金庫が開かない。社印が見つからない。権利書もない――。

その都度、会社と病院を行ったり来たりしながら「あれはどこにあるの?」「この件は誰に聞けばいい?」と父に確認した。今振り返っても、いつ、どこで寝たかを覚えていないぐらい必死だった。

入院から3日目、父はリンパ節が腫れ、声が出なくなってしまった。メモ帳を使って筆談でやりとりした。

「金庫の暗証番号は何?」

答えは家族になじみのある数字だった。

その数字が、刻々と体力を失っていった父の「最期の言葉」になってしまった。

父は全く弱音を吐かなかった。「余命4日」と宣告されるほどの状態で苦しみも痛みもあったと思うが、一切それを口にしなかった。だが、残酷なことに、みるみる容態は悪化していった。

「今日が山場」という日、私は会社での作業を終えた後、病院に向かった。夜も病室に泊まり込んで父の様子を見守ることにしたのだ。

傍らで見ていたが、父は苦しそうで一向に寝付くことができなかった。横になるのもつらいらしく、ベッドを起こして座った状態で耐えている。激しい雨が吹きつける窓を呆然と見つめていた。

「これ以上、苦しむ姿を見ていられない」

私は意を決して医師に頼み、最後の選択肢であったモルヒネを父に投与してもらった。モルヒネを打てば苦痛は和らぐが、意識は遠のいてしまう。心臓にも負担がかかる。だが、もう良くなる可能性が全くないのであれば、これ以上、苦しんでほしくなかった。

モルヒネの注射を打つ時、生まれて初めて父に嘘をついた。

「この薬の方が効くらしいから、多分明日には楽になるよ」

翌4月27日。父の病室から少し離れた部屋で医師と話をしていた私は、父のうなり声を聞いた。もう声が出ないはずの父が、渾身の力を振り絞って私を呼んでいるように感じた。急いで病室に駆けつけた。姉、叔父、叔母らが父を見守っていた。ベッドの脇に駆け寄ると、もはやわずかな力もないはずの父が、私のいる方向にゆっくりと顔を向けた。そして、射すくめるような鋭いまなざしで私の目をじっと見つめた。

「頼むぞ」

万感の思いを込めて、そう伝えているかのようだった。凄まじい迫力に「怖い」とすら感じた。目をそらしそうになったが、受け止めなくてはいけない、応えなくてはいけないと瞬時に思った。

「会社は大丈夫だから!」

思わず、そう叫んだ。

父は私の目を見つめたままの姿勢で息を引き取った。64歳だった。

一言も弱音を吐くことなく、かっこいいまま、兄の元に旅立った。短くも太い人生を駆け抜けた父。最期の顔は満足感にあふれ、笑っているように見えた。

「やりたいことを全部やってきた人の顔。自分もそういう人生を送りたい」

強くそう思った。

病院に緊急入院してからわずか4日。あっという間に大好きな父が逝ってしまった。ショックは大きかったが、私は悲しいと感じることすらできなかった。頭の中には「会社」の文字がくっきりと残った。

「これからどうしよう」

「何から手をつければいいんだろう」

いろいろな思いが駆け巡るばかりだった。

治療費を稼ぐための起業

東京オリンピックが開催された1964年、父はダイヤ精機を創業した。扱うのは、部

創業当時のダイヤ精機。機械と職人を叔父から
無償で提供してもらった

品の寸法が要求精度内かを計測するのに使うゲージや、加工する部品を適切な位置に誘導・固定する治工具など。

ゲージは一般にはなじみがない製品だが、ものづくりにおいて極めて重要な役割を果たしている。

ダイヤ精機の主要取引先は自動車メーカー。自動車メーカーは多くの部品を組み上げて完成車をつくっている。大量生産するためには、部品の寸法や角度が所定の値になっていることが必要だが、測定箇所は1つではない。完成品ですべて測定するのでは何日もかかってしまう。

そこで登場するのがゲージ。技術に詳しく

ない人でも、加工途中でゲージを当てるだけで寸法通りか否かがすぐに確認できる測定具だ。

このゲージがあるおかげで、精密な部品も大量生産できる。国内の自動車メーカーは製品ごとに専用のゲージを導入している。ピストンだけでも60種類以上のゲージを使っていると言われている。

製造業のことに詳しくない人にも、ゲージがどういうものかをイメージしてもらうため、私はよく「賀茂なす」を使って説明している。

京都名産の「賀茂なす」は大きく、丸いのが特徴。贈答にも使われ、デパートなどでは箱入りで売られている高級品だ。贈答用となれば規格は厳しい。箱には、例えば直径10～12センチと決まったサイズの「賀茂なす」だけを選んで詰める。だが、1個1個のなすをものさしで測っていては時間がかかる。

そこで2種類の鉄製の輪を用意する。1つの輪は直径10センチ、もう1つは12センチ。「賀茂なす」をこれらの輪に通して、12センチの輪を通り、10センチの輪に引っかかれば、規格に合っていることがすぐわかる。

この時に使う鉄製の輪が、言ってみればゲージである。このように、仕上がり寸法の誤差範囲（許容限界寸法）の上限と下限で作り、製品の寸法がこの間にあるかどうかを検査する。このゲージを「限界ゲージ」という。

ダイヤ精機の主力製品の1つが穴の内径を測る限界ゲージ。部品の穴に「通り栓」が入り、「止まり栓」が入らなければ規格通りということがわかる。通り栓と止まり栓の寸法の違いは1ミクロン単位だ。

1ミクロンとは1000分の1ミリ。タバコの煙の粒子ほどの小ささだ。1ミクロンという単位になると、硬いと思われる鉄でも人間の手の温度で変わってしまう。それほど微妙で精密な加工を、熟練の職人が指先の感覚、飛び散る火花、機械音など五感を頼りに3週間かけて仕上げている。ダイヤ精機は小さいながらも日本のものづくりを根底で支えてきた町工場なのだ。

ダイヤ精機は兄・秀樹の存在なしには誕生しなかった。

61年生まれの兄はわずか3歳で白血病を発症した。急に立ち上がれなくなり、病院で診てもらったところ白血病とわかったのだという。

高い治療費を捻出するため、サラリーマンだった父は、ゲージ工場を営む叔父から機械2台と職人3人を無償で提供してもらい、ダイヤ精機を創業した。つくれば売れる高度経済成長期のまっただ中、ものづくりはお金を稼ぐ手っ取り早い手段だった。

叔父は昔ながらの町工場のきっぷのいい親父さんタイプ。職人をのれん分けで次々に独立させていた。父は機械と職人を提供してもらっただけでなく、取引先の顧客まで紹介してもらったという。

父は日本のものづくりを支えるゲージや治工具を製造していることに誇りを持ち、職人らとともに一心に技術を磨いた。技術力に対する高い評価と信頼を獲得し、ダイヤ精機は右肩上がりで成長していった。

十分な売り上げ、利益を得ることができ、兄には常に最新かつ最善の治療を施すことができたという。その甲斐あって、発症当初「余命半年」と言われていた兄は、そこから3年生きることができた。だが、やはり病魔に打ち勝つことはできず、67年、6歳で他界する。

兄が亡くなった後、父は目標を失い、仕事もできないほど憔悴《しょうすい》しきった。創業して間も

父・諏訪保雄と兄・秀樹。兄の白血病発症が
創業のきっかけとなった

ないダイヤ精機を畳むことも考えたらしい。しかし、周囲の支えもあって気持ちを整理し、ものづくりの根幹を支える事業の継続を決めた。

その中で、父には次の目標となる思いが芽生えた。

「ダイヤ精機の後継者が欲しい」――。

兄は両親にとって第2子で、1歳上に第1子がいた。ただし、それは女の子。父は兄の生まれ変わりで、会社を継ぐ2代目となる男の子が欲しくなったのである。

そんな期待の中、71年に生まれたのが私だ。

顔は兄の赤ちゃんの頃にそっくり。血液型も一緒。誕生日も1週間違い。兄の生まれ変わりとしては完璧だった。ただ1点、女の子であったということを除いては。

「女か……」

電話口でがっかりして、そうつぶやいた父に、母はかける言葉が見つからなかったという。

「女性は子供を産み、育て、家を守るのが仕事」というのが当然だった時代。女性の社会進出は全くといっていいほど進んでいなかった。後継者を待ち望んだ父も、女の子では無理だと思ったのだろう。落胆のあまり、母子の入院中、一度も顔を見に来ることはなく、退院の日も迎えにすら来なかったという。

それから、一風変わった「兄の生まれ変わり」としての私の人生が始まった。

男の子として生きる

ごく小さな頃から、私は「あなたはお兄ちゃんの代わりよ」「お兄ちゃんが生きていたら生まれていなかったのよ」と言われて育った。私もそれを当然のこととして受け止め、反発を感じることもなかった。

時々、見た夢がある。

自分がいるのは病院の病室。ベッドの上に寝ている。壁には白いタイルが貼ってあり、窓には白いカーテンがかかっている。看護師さんが私のいる病室に歩いて来る足音が聞こえる。

「また注射か」

注射器を持って病室に入ってくる看護師さんの姿を、憂鬱な思いで見つめる――。

そんな情景が鮮明に現れる夢だ。

母に聞くと、夢に出てくる病室の様子は、兄の入院していた病室そのものなのだそうだ。物心つく頃から兄の話を聞かされ続け、自分の中で想像のシーンをつくり上げているうちに、それが夢に出てくるようになったのかもしれない。

「私は男の子として生まれるはずだった」

「お兄ちゃんの生まれ変わりだから男の子として生きなくてはいけない」

兄の代わりとして生まれ、育てられた私にはそんな思いが常にあった。

そのせいか、私は子供の頃から男の子が興味を持つようなおもちゃや遊びにばかり熱中した。

電車や自動車、戦隊グッズ、プラモデルが大好き。街を走る自動車は後ろ姿を一目見ただけで車種を答えられた。友達の男の子がテレビアニメを題材にした玩具「超合金マジンガーZ」を持っているのが、とてもうらやましかった。女の子が好む「リカちゃん人形」やままごとには全く興味がなかった。

テレビ番組も、よく見たのは女の子に人気のあったアニメや歌番組ではなく時代劇。父と並んで「水戸黄門」や「遠山の金さん」を見て、殺陣の真似ごとをしていた。

もともとの嗜好だったのか、無意識に「父が喜ぶこと」を選び取っていたのか、今となってはよくわからない。

当然、話が合うのは男の子ばかり。女の子といるより、男の子といる時間の方がずっと長かった。

そんな私を見て、父もいつからか私を男の子として育てることにしたらしい。世の父親が男の子に対してよくやるように、木の破片を渡して「コマをつくってみろ」「竹トンボをつくってみろ」などと言ってくることもあった。

私には何も言わなかったが、父は次第に私をダイヤ精機の後継者として見るようになっていったようだ。私に対してあえて父の「仕事」やダイヤ精機という「会社」と接点ができるような機会を多くつくった。

小さい頃は工場の2階に自宅があった。私が小学校2年生の頃に引っ越し、工場から5分ほどのところに家を構えた。

父はふだん仕事で忙しく、家で家族と一緒に過ごす時間が少ない。そこで小学生の私をよく会社に呼びつけた。学校から帰った私はしばしば会社に向かったものだった。

私が顔を出すと、父は近くの喫茶店に連れて行ってくれて、クリームソーダを食べさせてくれた。喫茶店に行き、店員さんに「いつもの!」と言えば、クリームソーダが出てくるほどしょっちゅう通った。

喫茶店には、近所の町工場の職人さんたちがポツリポツリとやって来ては、一緒にコーヒーを飲みながら父とものづくり談義をしていた。

工場にもよく出入りした。職人さんたちとおしゃべりをしたり、算数の宿題を教えてもらったり、隅に置いてあった卓球台で卓球をして遊んでもらうのが楽しかった。

父が営業や納品で取引先へ行く時には、よく車に乗って同行した。

「みそおでんを食わせてやるから一緒に行こう」

この誘いに惹かれて車に乗り込む。2時間ほどかけて神奈川県の厚木市や横浜市、静岡県の富士市などに向かう。取引先に着いて父が商談をしている間、私は駐車場で遊びながら帰りを待っていた。商談が終わり、帰りがけに東名高速道路のサービスエリアに寄って、父と一緒にみそおでんを食べるのが楽しみだった。

私より9歳上の姉は、同じ女の子でも私とは育てられ方が全く違う。姉は会社に呼ばれたことも、取引先へ連れて行かれたこともないという。姉はお人形さん遊びやままごとが大好きな典型的な女の子。父は一度も後継者として意識することはなかったはずだ。

父が姉を後継者と考えなかった理由はほかにもある。姉と亡くなった兄とは年子。姉が幼い頃、母は病気の兄の世話で、父は治療費を稼ぐための仕事で忙しく、1人で留守番をしていることも多かった。ある日、両親とも家に帰れないからと、親戚を呼んで姉に付き添って泊まってもらったところ、夜中に強盗に襲われてしまったこともあるという。

父は晩年、姉に対して、「寂しいだけでなく、怖い思いまでさせてしまった。本当に申し訳ないことをした」と悔いていた。

「小さい時に苦労をした分、残りの人生は自由に、自分の思う通りに生きてほしい」

それが姉に対する父の願いだった。その分、2代目の期待は私に集まった。

とはいえ、私も父から直接、「後継者になれ」とか、「2代目は任せた」といった言葉をかけられたことはない。私自身、「将来、ダイヤ精機を継ぐことになるかもしれない」と思ったことは一度もなかった。

だが、直接的な2代目修業はなかったものの、工場や取引先に頻繁に出入りする中で、知らず知らずのうちに、仕事の厳しさ、ものづくりの尊さ、職人さんたちの温かさなどを肌で感じるようになっていった。その経験は今の私の仕事観、会社観、ものづくりに対する思い入れなどに大きく影響を与えている。

父が仕掛けた〝大森駅事件〟

中学生になると、私にとって大きな転機となる出来事が次々に起きた。

男の子と遊ぶことが多く、女の子とはあまり話が合わなかった私。小学生の間はそれでも良かったが、中学生になると問題が生じた。多感な年頃でもあり、「男子とばかり話している」と女子から目をつけられてしまったのである。

ある時、仲良くしていた友達グループ5人全員が突然、口をきいてくれなくなった。目も合わせてくれない。いわゆる「無視」の対象となってしまったのだ。

友達との関係が毎日の生活のほとんどを占める中学生にとって、これほどつらいことはない。

心配をかけまいと両親にその話はしなかった。だが、元気のない様子を見て、状況を察していたのだろう。ある時、父がこんな話をしてくれた。

「父さんの学生時代、いじめに遭った友人がいた。彼はいじめている人たちに媚《こ》びを売ることもなく、教室で1人、本を読んでいた。彼は本当に強い人間だったと思う。もしかしたら、お前もいつかそういう状況になることがあるかもしれない。けれど、自分が間違ったことをしていないのなら、『1人でも平気』と思える強い人間になれ。お前は芯の強い人間だから大丈夫だ」

胸に響く言葉だった。そう、自分は何も悪いことや間違ったことはしていない。卑屈になることなんて全くないんだと思い至った。「1人でも平気」と思うと、強くなれる気がした。

しばらくして新しい友人ができた。その友人たちは、仲の良い友人グループから無視された状態であることを承知の上で私と仲良くしてくれた。彼女たちとは今も親しく付き合っている。「一生の友」と出会うことができたのだ。

その後、中学校の卒業式の日。いじめていたグループのボス格だった生徒が私のところに来た。何を言われるのかと身構えた。

「2年間、本当にごめんね」

声を詰まらせながらそう言った姿を見て、一気に心が晴れた。父を信じて良かった、私は間違っていなかったと心から思えた。

「大丈夫よ。気にしないで。わざわざありがとう。元気でね」

笑顔でそう返すことができた。

父の言葉で「1人でも平気」という強さを身につけたことは、後に男性社会で数少ない女性として働く上でも、経営者として孤独な決断をしなくてはならない時にも、大いに助けになった。

私の性格が大きく変わるきっかけとなった〝大森駅事件〟が起きたのも中学生の時だった。

小さい頃から男の子と一緒にいることが多く、戦隊グッズが大好き――そう言うと、活発でクラスでもリーダー的な存在の女の子が思い浮かぶかもしれない。だが、実際の私は全く違った。

嗜好は男の子に近い。だが、一歩外へ出ると人と話すのが苦手で内向的な性格だった。学校では鉄棒で1人で遊ぶのが好き。友達はいたが、自分から何か意見を言うことはなく、ひたすら友達の言う通りに動いていた。

今、小学校時代の先生に会っても、誰も私のことを覚えていないぐらい、おとなしく存在感のない子供だった。

内向的で引っ込み思案の性格は中学校に入ってからも全く変わらなかった。

そんな私を見て、密かに自分の後継者にしたいと期待していた父は歯がゆく思ったのだろう。ある日、事を仕掛けた。

中学2年生になっていた私の14歳の誕生日。

「タカちゃんの誕生日だからステーキを食べに行こう」

父の提案で家族全員で大森駅近くのレストランに行った。大好きなステーキをたらふく食べ、上機嫌でいると、父から「ちょっと散歩しよう」と言われた。

母と姉は先に帰り、私と父だけ大森駅に向かった。

帰宅途中のビジネスマンでごった返す大森駅の改札近くにたどり着くと、父はいきなり、私に向かって怒鳴り始めた。

「だからお前はダメなんだ!」

「そんなことでいいと思っているのか!」

「お前はいったい、何を考えているんだ！」

何が起きたのか全くわからなかった。さっきまで一緒に楽しく食事をしていた。なぜ突然怒鳴られなくてはいけないのか。何か私がいけないことをしたのか。いけないことを言ったか……。混乱し、頭の中が真っ白になった。

それまで父から怒鳴られたことは一度もなかった。会社では厳しい社長だったが、家には仕事を一切持ち込まないタイプ。家族にはいつも優しく接し、ユーモアにあふれていた。

そんな父が目の前で鬼のような形相で怒鳴りつけている。声は収まるどころか、どんどん大きくなっていった。父の怒鳴り声に驚いた周囲の人たちが何事かと私たちを取り囲み、輪になった。

「今の自分の気持ちを言ってみろ！」

何度も父はこう繰り返した。だが、恥ずかしいのと怖いのと驚いたのとで言葉が出てこない。そのうち、騒ぎを聞いて駆けつけた警察官の姿が目に入った。

「このままではお父さんが捕まってしまうかもしれない」

そう思った私は勇気を振り絞って叫んだ。

「帰りたい！」

その一言で父はいつもの父に戻った。

「よし、帰ろう」

車に乗って家に帰る間、いつも聞いている石原裕次郎の歌のボリュームを下げて父が話し始めた。

「さっき、お前は一生忘れることのできない恥ずかしい思いをしたと思う。たぶん、周りにいた人たちは駅で見た出来事を家に帰って家族に面白おかしく話すだろう。けれど、みんな明日になったら忘れてしまう。人間なんてそんなものなんだよ。人はお前が思うほど、お前のことを気にしていないし、関心を持ってはいない。伝えようとしなければ、何も伝わらないんだよ」

父が言う通り、次の日はいつもと変わらない1日だった。特別なことは何もなかった。スッと胸のつかえが取れた気がした。

それ以来、「自分を表現する」ことの大切さに気付き、人と話すことが苦にならなくなった。

おそらく父は私が2代目を継ぐ時に、おとなしすぎる性格が障害になると考えたのだろう。性格を矯正するための方法を考え、計画を立て、記憶にとどめるためにあえて誕生日に決行したに違いない。「2代目」「後継者」への執念を感じる出来事だ。

「工学部以外には行かせない」

「兄の代わり」と言われて育った私だが、兄のことは写真でしか知らない。私にとって兄は空想上の人物のような、どこか現実感がない存在だった。

それが変わる転機となったのが85年に迎えた兄の19回忌だ。それまで2つのお墓に分骨していたものをまとめることになり、お墓から骨壺を取り出して、もう1つの骨壺に移した。

この時、私は兄の骨を初めて目にした。骨壺の中から出てきた白い骨を見た瞬間、私は兄が確かにこの世に生きていたこと、そして幼くして亡くなったことを改めて実感した。それまで漠然としていた兄の存在が、私の中でとてつもなく大きなものとして居座るようになった。

骨を1つの骨壺に収め、墓に納骨する際、父は骨壺にすがりつき、何度も兄の名を呼んで泣いた。後にも先にも、父の涙を見たのはその時限り。人目も憚《はばか》らず慟哭《どうこく》する姿を見て、幼い息子を失った父の苦悩と寂寞《せきばく》を思い知った。

「兄の代わりとして生きていこう」

その時、改めて鮮明に思った。

その後、自らのアイデンティティーを考える中で、「自分はいったい何者なのか」「このまま敷かれたレールの上を歩いていくのか」という葛藤にもがき苦しんだ時期もある。だが、どんな時も「父を喜ばせたい」「父が願う通りに生きたい」という思いは消えなかった。「兄だったらどうしていただろう」と思案することが、私の言動の原点になっていた。

それは19回忌での出来事が強く心に残り、「兄の代わりとして生きる」ことが私の宿命だと感じたからにほかならない。

〞大森駅事件〟を経て、積極性が増し、自己主張もできるようになった私を見たからか、父の2代目養成にはますます力が入っていった。私が高校に入学すると、「大学は工学部以外には行かせない」と言い出した。

父は文系出身だ。なぜ私が理系でなければならないのかと不満を持った。

当時は、今のように理系に進む女子学生が「リケジョ」などともてはやされることは一切なかった。バブル経済の絶頂期で「『3高男性』と結婚し、『永久就職』するのが女性の幸せ」という価値観が浸透していた。あえて入学が難しく、就職でも有利とは言えない理系学部に進学するメリットは薄かった。

高校でも理系に進む女子はクラスに数人。とりわけ工学部に進む女子は少なかった。それでも、私は「お兄ちゃんなら工学部に行っただろう」と自分を納得させ、父の言葉を受け入れた。

ただし工学部の中でも男性ばかりというイメージの機械科に行くのは抵抗があった。父が学科までは指定していないことを幸いに、成蹊大学の工学部工業化学科を進学先に選んだ。

91年に大学に入学した後、がん細胞からDNAを採取し、分析する研究室に籍を置いた。

兄を襲った病魔について少しでも学びたい気持ちがあった。

父の願う通りに生きつつ、「自分とは何者か」と葛藤した末のささやかな抵抗と言えるのかもしれない。

父はなぜ私を工学部で学ばせたかったのか。当然、ダイヤ精機が扱う金属加工や機械技術に関係する知識が学べるということが根底にあっただろう。それに加えて、父は自分が「感性」で経営するタイプであったため、2代目には理系の「論理」を備えてほしいと考えたのではないかと思う。

結果論だが、工学部で身につけた論理的な思考法は、私の大きな財産であり、武器になっている。父の選択は間違っていなかった。

大学入学後、「兄の代わり」を意識した私の行動はさらにエスカレートした。

自動車免許に続いて中型二輪免許を取得した。

「女の子がバイクに乗るなんて」と母は嫌な顔をしたが、父は涼しい顔で「大型二輪免許はいつ取るんだ?」と聞いてきた。どこまでも私を男の子として見ているようだった。

大学へ行く時も化粧っ気はゼロ。Tシャツ、ジーパン姿でバイクにまたがり、ヘルメットをかぶって通った。大学が休みの日には「フェアレディZ」というスポーツカーを乗り回した。

車が好きだったから、アルバイト先にはガソリンスタンドを選んだ。アパレルショップでも高級レストランでも、求人はいくらでもあった時代。女子学生であえて3K（きつい、汚い、危険）のバイトをするのは珍しかった。母は「女の子なのに、なぜガソリンスタンドで働くの?」と不思議そうだったが、父は「おお、かっこいいな」と喜んでくれた。

一方で、初めて「女性らしさ」にも目覚めた。

大学生になると、周りの友達の多くに恋人ができ、カップルで映画や遊園地に行って楽しんでいた。その話を見聞きして、正直、ちょっぴりうらやましかった。だが、男っぽい私には全く縁がない。密かに、女性らしさに憧れを持ち、自分の中の女性としての部分を再確認したいような意識が出てきた。

そこで、こっそり始めたバイトが東京・渋谷のファッションビル「109」のエレベーターガール。制服・制帽を身につけ、女性らしい仕草で振る舞うのは新鮮だった。イベントコンパニオンのバイトにも挑戦した。これらはもちろん父には内緒。きっと喜ばないだろうと思ったからだ。

なぜ秘書なのに作業服？

女性らしさを求める傾向は、大学4年生になって就職活動を始める時にも続いた。女子学生に人気のアナウンサーを目指してみたいという気持ちが芽生えたのである。

思い切ってテレビ局に資料請求をしてみた。だが、工学部の学生だからか、届いたのは、技術職についての資料のみ。確かにテレビに登場する女性アナウンサーで、工学部出身というのは聞いたことがない。「工学部出身ではアナウンサーにはなれないのだ」と悟った。「アナウンサーになれないと悟った」というのは正しくないかもしれない。むしろ、自分の気持ちに整理をつけることができた、と言うべきだろう。

「兄だったら、アナウンサーを希望することはなかっただろう。兄の代わりの私にアナウンサーという選択はあり得ない」

心の片隅には、常にそういう思いがあった。だが、興味があるにもかかわらず、その気持ちを押し殺して他の道に進めば、就職してから後悔するかもしれない。資料請求をして、「挑戦してみたけれどダメだった」というステップを踏んでおくことが必要だったのだと思う。

アナウンサーの夢をきっぱりあきらめると、製造業を中心に就職活動を始めた。だが、当時は「リケジョ」に対する期待もなく、理系のレッテルはむしろ「使いづらい」「理屈っぽい」と不利に働いた。

就職活動は困難を極めた。

「なかなかうまくいかないな」

ポツリとこぼした私の言葉を聞いていた父が、ある時こう提案してきた。

「取引先のユニシアジェックス（現・日立Ａｓｔｅｍｏ）が役員秘書を募集しているぞ。受けてみるか」

密かに「女性らしい仕事」に憧れていた私にとって、大手企業の秘書という役職は願ったりかなったりだった。

渡りに船とばかりに試験と面接を受け、入社が決まった。

就職した部品メーカーでは工機部初の女性エンジニアに
（右から3人目が筆者）

翌95年4月の入社式。緊張と不安の中で式に臨むと、他の女子にはグリーンの事務服が支給されたのに、私だけブルーの作業着を渡された。

人事部の担当者は「配属先は工機部。工機部初の女性エンジニア採用です」と告げた。

「工機部？　エンジニア？　役員秘書ではなかったの？」

疑問が渦巻いた。

すべては父の差し金だった。ユニシアジェックスの幹部には、最初から役員秘書ではなく、エンジニアとして採用することを頼んでいた。実践的に2代目修業ができる職場を選び、送り込んだのである。

「騙された」と思ったが、もう遅かった。

「あの服を着ているはずだったのに……」

同期の女性たちが着ているグリーンの事務服がまぶしく見えた。

「針のムシロ」で結婚退社

その年、ユニシアジェックスに入社した新入社員は30人弱。女性は私のほかに3人いたが、みな事務職。私と男性は全員エンジニアだった。

工機部は全部で200人ほどの組織。その中で私は唯一の女性だったから、何をしてもとにかく目立った。取引先であるダイヤ精機の娘だと知れ渡ると、周囲の注目度はさらに上がった。工場内を歩いていても、社員食堂でランチを食べていても、絶えず視線を感じた。

最初は好奇の目だった。それがだんだんと「本当に男性と肩を並べるような能力があるのか」という厳しい目に変わっていった。

取引先の娘をエンジニアとして採用したことに多少の不安を感じていたのだろう。当時の役員が工機部まで様子を見に来たり、自分の部屋に呼んだりした。

そんな「特別扱い」は、ほかの社員にとって愉快なものではなかったに違いない。ある時、同年代の高卒社員から呼び出された。

「お前は大学を出ているというだけでエンジニアとして入社して高い給料もらっている。俺の方が仕事ができるのにおかしいじゃないか」

面と向かってそう言われた。

夏、室温40度にもなる工場内で、垂れてくる汗を拭くために一瞬、作業帽のひさしを斜めに動かした。するとたちまち、「きちんと帽子をかぶっていない」と上司に通報された。

屈辱を感じたり、人間不信に陥ったりするような出来事が続いた。

「女の子だから泊まりの出張はさせられない」

「女の子だから難しいことはさせられない」

何をやっても、何を言っても、「女の子だから」と形容された。針のムシロで、精神的にも本当にきつかった。

しかし、ダイヤ精機の看板を背負って入社している私は「つらい」という理由では辞められない。負けず嫌いだから「仕事がきつくて音を上げた」と思われるのも耐えられなかった。

父もダイヤ精機も傷つけることなく、誰もが納得する形で会社を去るにはどうすればいいか――。次第に私は「社内結婚ならば円満に会社を辞められる」と思うようになった。

だが、実際には社内結婚どころか、話しかけてくれる男性社員すらほとんどいなかった。「あの子と付き合うと、ダイヤ精機を継がされるぞ」と噂が立ち、男性社員から警戒され、距離を置かれてしまった。「男性ばかりの中で女性1人。モテモテになるかも」という淡い期待は完全に外れた。

見るに見かねた上司が「まじめで優秀な人間だよ」と1人の男性エンジニアを紹介してくれた。それが今の主人だ。すぐに付き合い始め、結婚が決まり、願い通り、入社2年後の97年に寿退社した。

製造業のイロハを広く浅く

わずか2年間ではあったが、ユニシアジェックスでは本当に学ぶことが多かった。機械加工、生産管理、品質管理、設計など、製造業のイロハを広く学べる仕事を担当させてもらった。

最初に配属されたのは生産課。長方形の部品を箱詰めするのが仕事だ。1日8時間、ひたすら単純作業を続ける。時間が長く感じられて仕方ない。

そこで自分なりに仕事に楽しみを見つけ出そうと、密かにタイムトライアルを始めた。すると、作業スピードが上がり、生産効率がみるみる向上していく。箱を押さえる重しを持ってきて、両手で詰めるとよりスピードが上がることにも気付いた。

次には検査課で検査器具と検査方法を一通り学んだ。ダイヤ精機がつくるゲージは検査課で使うことが多い。取引先の製造現場で日々どのような形で使われているかを確認でき、品質管理の重要性を認識する機会にもなった。

職人に付き添ってもらい、現場実習で旋盤やフライス盤の扱い方も覚えた。基本的な機械の操作方法を身につけた後は生産管理を担当。設計図を見て工程、工数を確認し、最適なタイミングで協力メーカーに必要な部品の製造を依頼したり、材料を注文したりする仕事をこなした。

訓練を受け、複雑な設計図を読み取れるようになると、今度は設計部に配属になった。自分で図面を描く仕事である。当時はまだCAD（コンピューターによる設計）はあまり普及していなかったから、ドラフターを使って線を引きながら設計を勉強した。

こうして広く浅くではあるが、ものづくりの仕事を一通り学んだ。また、大手企業に勤めたことで、組織で仕事をする際に押さえるべきポイント、ITスキル、コミュニケーションのコツなどを自然と身につけることができた。濃密な2年間だった。おそらく、この時期の勉強なしに、今の自分は存在しない。

この2年間で、もう1つ、私が経験したことがある。「極貧生活」だ。

入社後は独身寮での一人暮らし。父は会社勤めを始める私に「これからお前は自立しなくてはならない。すべて自分の稼いだお金でやりくりしなさい」と言い渡した。

その言葉通り、入寮するに当たって買ってもらったのは布団と小さなテレビのみ。初月給が出るまでは、自分では何も買えない。女の子らしい家具も雑貨もない、ガランとした部屋になった。毎日、疲れて帰ってきても、貸別荘にいるようで全くくつろげなかった。

生米を食べた「極貧生活」

ある時、同じ寮に住む同期の女性の部屋に招かれた。彼女は役員の孫だった。ベッドや木のいすが置いてある女の子らしい部屋。違いをまざまざと感じさせられた。

「今度、諏訪さんの部屋にも遊びに行かせてね」

そう言われたが、貸別荘のような味気ない部屋に招くわけにはいかない。

「私の部屋は汚いから呼べないの。ごめんね」

あいまいに受け流すしかなかった。

社会人になる時、もう1つ、父から言い渡されたことがあった。

「お客様からの誘いは絶対に断るな」

この掟《おきて》も必死で守った。

飲み会、カラオケ、ゴルフ……。工機部唯一の女性ということで、私にはしばしば声がかかった。その都度、少ない給料の中からお金を工面し、参加した。

給料日近くになると、お金がほとんど底をつく。冷蔵庫にあるのは、炊いて冷凍しておいたご飯だけ。夕食はその冷凍ご飯を解凍し、おかずなしで食べた。

白いご飯だけの食生活に耐えきれず、預金残高ゼロの銀行口座から恐る恐る1万円をおろしてみたことがある。ドキドキしながらATMを操作すると、いつも通り、お金を引き出すことができた。

「ラッキー!」

だが、よく見ると通帳にはマイナスの記号が印字されている。預金がないのに引き出すとローンになってしまうという仕組みをその時、初めて知った。

ただでさえお金がないのに、金利分を上乗せして返済するのではますます困窮する。再び、白米だけの食事に戻らざるを得なかった。

お客様からの誘いが続き、ついには光熱費も払えなくなり、電気、ガスがストップしてしまった月もある。部屋にあるのはお米だけだが、炊くことすらできない。仕方なく、生の米をジャリジャリ食べた。消化が悪く、最初はお腹を壊したが、慣れてくるとかみ応えがあり、腹持ちが良いことがわかった。

幸い、昼食だけは会社の社員食堂で食べることができた。温かく、やわらかく炊けたご飯のおいしかったこと――。

まさに極貧生活。幸か不幸か、この2年間は私の人生の中で一番痩せていた時代だ。だが、そんな状況でも、家族や同僚に泣きついたり、助けを求めたりすることはしなかった。誰も私の極貧ぶりには気付いていなかったはずだ。

会社勤めを始める私が実家から唯一持ち出すことを許されたのは、愛車の「フェアレディZ」。私にも変なプライドがあって、ふだんスポーツカーを乗り回している「社長の娘」が、実はお金に窮していると知られるのが嫌だった。

「そんなにお金がないのなら、飲み会を断ればいいのに」と思う人もいるかもしれない。だが、私は一度もそう考えなかった。父の言葉は絶対のものとして私の中に浸透していたのである。

当時は父が私に厳しく自立を迫る理由がわからなかった。今考えると、お金の大切さやコスト意識を肌身で感じさせようという、これもまたやや荒っぽい2代目修業だったのだろう。

「お役御免」で司会業に挑戦

97年に結婚退社し、専業主婦になった。翌年、生まれた子供は男の子。一番喜んだのが父だ。私が生まれた時には、退院するまで一度も顔も出さなかったという父が、真っ先に病院に駆けつけ、息子を抱っこした。

私の顔を見るなり一言。

「でかした!」

その時の父のうれしそうだったこと。兄の代わりの男の子がどれほど欲しかったのかがうかがえた。

息子は成長するにつれ、亡くなった兄にどんどん似てきた。息子が幼稚園生の時、実家の仏壇に飾ってある兄の写真を見て、「どうして、ここに僕の写真があるの?」と聞いてきたほどだ。

父は息子に兄の姿を重ね合わせるようになっていったのだろう。ある時、「この子が20歳になるまでは現役で頑張る。その後、ダイヤ精機の2代目として会社を継がせる」と言い出した。

「兄の代わり」として生きてきた私だが、男の子を生んだことでようやく肩の荷が下りた。「解放された」。そんな思いが強かった。

一方、会社を辞め、主婦として過ごす時間が長くなると、私の中で「このままでは社会に取り残されてしまう」という焦燥感が湧いてきた。

夜、子供を寝かしつけた後、パソコンに向かい、ブラインドタッチの練習をした。

「社会との接点」を求めるようになった私は、思い切って、アナウンス専門学校のブライダル司会コースに入学した。「兄の代わり」というお役目から解放され、自分の好きなことを自由にできる立場になって、華やかで女性らしい仕事をしてみたいと思ったのだ。

半年後、アナウンス専門学校を卒業し、事務所のオーディションを受けて合格を勝ち取った。以後、月に4～5件、結婚披露宴の司会の仕事をするようになる。

披露宴の司会をする時には台本は持たない。持っているのは新郎・新婦の基本的な情報を紙にまとめたものだけだ。

様々な人が集まる披露宴にはハプニングがつきもの。来賓のスピーチが長すぎたり、出席者が遅刻してきた時などは、臨機応変に対応しなくてはならない。会場の反応に合わせて話の内容を変えなければならない時もある。台本を用意しておくと、とっさの対応の邪魔になってしまうのだ。

実際、いろいろなハプニングを経験した。

一度、披露宴の開始時刻になっても、新郎が現れなかったことがあった。披露宴は中止にせざるを得ない状況だが、出席者は既に会場に着席し、宴が始まるのを待っている。新婦は控え室でワンワン泣いている。どうするか。

マイクを取った私は出席者を前に話し始めた。

「皆様、大変お待たせしております。只今、新郎が急病で来られなくなってしまったという連絡が入りました。申し訳ありませんが、本日の披露宴は延期とさせていただきます。

本来は新婦からお詫びを申し上げるべきところですが、精神的ショックが大きいため、後日、改めてご報告させていただきます。今日のところはこのままお引き取りいただきたいと存じます」

どんな場面でも、機転を利かせてその場を何とか収めなくてはいけない。いざという時の対応力という面で、大いに鍛えられた。

時間感覚も養われた。披露宴の司会は時間配分を考えた仕切りも重要。お客様は時間で会場を借りているため、延びれば追加料金が発生してしまうからだ。数をこなしていくうちに、話をする分量で「これで何分」と見当がつくようになった。

雰囲気を盛り上げる時には声を張り、じっくり聞かせる時にはのどを絞って落ち着いた声を出すという具合に、場面に応じて声のトーンを変える術も学んだ。

最近、私は講演会で大勢の人の前で話をしたり、テレビの生番組に出演して討論したりする機会が増えている。本番前はさすがに緊張するが、いざ本番となるとその緊張が「いける」という自信に変わる。それは披露宴の司会で身につけた対応力やノウハウがあるからだ。人生、どんな経験もムダになることはないとつくづく感じる。

父に請われ、ダイヤ精機に入社

披露宴の司会のアルバイトにも慣れてきた98年のこと。父から「ダイヤ精機の仕事を手伝ってほしい」と頼まれた。

バブル崩壊後、国内需要の低迷と円高とで自動車関連業界には苛烈な業界再編の波が押し寄せた。ダイヤ精機も例外ではない。逆風にさらされ、バブル期に8億円ほどあった売上高が半分以下に減った。

「年が変われば良くなる」「来年こそ回復する」――。

苦境に直面した父は、ずっと「来年」「来年」と言い続けた。しかし、なかなか回復の兆しは見えない。父は大手メーカーに勤めていた私の経験を生かして、状況を改善する方策を見つけてほしいと思ったようだ。

そんな父の要請に応え、私はダイヤ精機に入社した。配属先は総務部となった。

入社後、私は一人ひとりの社員と積極的にコミュニケーションを取ることを心がけた。

「社長の娘」という微妙な立場であったため、時に、あえて「社長、あんな言い方しなくてもいいのにね」と社員の味方であることを示し、距離を縮めようと努めた。

社員と親しく接しつつ、会社の真の姿を知るため、製造部、設計部、営業部を回ってじっくり話を聞き、ダイヤ精機の経営で何が問題なのかを分析した。

結果は明白だった。3億円ほどの売上高に対し、当時の27人という社員数はいかにも多すぎるのだ。

当時のダイヤ精機には営業、製造、設計の3部門があったが、各部門の収支と人数のバランスを考慮すると、不採算となっている設計部門の解散は不可避と思われた。

小さな町工場に社長秘書、運転手がいるのもムダと感じた。設計部門の社員3人に秘書、運転手の2人を加えた5人はリストラすべきと考えた。

バブル期に膨らんだ会社の規模を一度縮小し、出費を減らす。そして、体力を回復した上で、再び成長を目指す。これが私の提案だった。グラフや表、チャートなどを駆使してつくった経営改革案は理路整然としたもので、我ながら完璧だと思った。父はその案を見て「よし、わかった」と言った。

2週間ほど経ち、いよいよリストラの対象者5人にそれを告げる日を迎えた。朝、私は社長室に呼ばれた。「リストラを告げる場に私も立ち合うことが必要なのだろう」と考えながら部屋に向かった。

リストラ提案でリストラされる

社長室に入ると、父は私の顔を見るなり、思いも寄らない一言を告げた。

「明日から、お前は会社に来なくていいから」

「えっ？　私？」

青天の霹靂《へきれき》だった。

リストラ対象としていた社員5人は、そのまま在籍させるという。要は、リストラを提案した私だけ、リストラされたのだ。

計画とかけ離れた決定に驚いたが、社長である父がそう言うならば仕方ない。翌日から会社に行くのをやめた。

「どうして今日は会社に来ないの?」

何も言わずに会社を去ったため、心配した社員が電話をかけてきてくれた。

「実は私、クビになったの」

「ええーっ!」

「社長にリストラされて……」

私がクビになったことを知った社員は、次々に電話をかけてきて引き留めてくれた。

「社長は一時の気の迷いで『来なくていい』なんて言ったんだよ」

「本当に辞めてほしいとは思っていないよ」

「大丈夫だから来なよ」

でも、私は「社員は社長に従うべきだから」ときっぱり断り、以後、会社には行かなかった。

当時の私は経営改革案を受け入れなかった父を「どうしてわからないのだろう」と不思議に思った。

きちんと分析した結果、何が問題で、どういう対策が必要かは明確になっている。早く手を打たなければ、会社がもたない。理屈で考えれば、やるべきことは明らかなはずだった。

だが、私自身が経営者となった今は、その時の父の気持ちがよくわかる。

経営者には雇用責任がある。社員は家族のようなもの。苦しい時も、社員を切ることを考えるのではなく、社員を守るために、どうやって売り上げを伸ばすかを必死で考える必要がある。

父も私に業績拡大の方向で経営改革案を考えてほしかったに違いない。私が主張したリストラ案も、理屈は理解できたから、一度は受け入れたのだろう。だが、いざとなると、自分自身でその手を打つことはできなかった。

もしリストラするなら、身内からでなくては示しがつかない。それで私1人のリストラという手段を取ったのだ。

こうした経緯でリストラされてから2年後の2000年、父に再び「ちょっと会社を手伝ってくれ」と頼まれた。

バブル崩壊後の「失われた10年」と呼ばれた時代、日本経済はいまだ復調していなかった。ダイヤ精機も依然、業績低迷から脱却できずにいた。私は手伝えることがあるならと再度、ダイヤ精機に入社した。

もう一度、社内の状況を分析した。2年前と何も変わっていなかった。状況が変わらないのだから結果も同じ。売上高に対して人員超過の状態であり、不採算部門からの撤退とリストラが必要だと私は結論付けた。

3カ月ほどで前と同様の経営改革案を父に提出。そして、再びクビになった。

「お前、明日から来なくていいから」

前回と同じ言葉でリストラされた。

2度入社し、2度リストラされることになったが、私の心が乱れることはなかった。既に私は実家を離れ、結婚もして両親とは別の所帯で暮らしている。バブル崩壊後の長い不況で倒産する町工場は多かったが、父が自分のやり方で行き詰まるならば、それはそれで仕方ない。そんな恬淡《てんたん》とした気持ちだった。

「自分のやり方でちゃんと会社を軌道に乗せてよ」

そんな捨て台詞《ぜりふ》を残し、ダイヤ精機を去った。2度目は入社してから会社を去るまで、あっという間だった。

ダイヤ精機を辞めた後、披露宴の司会のアルバイトに戻った。子供の頃に習っていた水泳の技能を生かして、新たにベビースイミングのコーチも始めた。

2度も会社をクビになったが、父との間にわだかまりが残ることは全くなかった。もともと父は家族に仕事の話を一切しなかった。家ではニコニコしながら家族の話を聞いているタイプ。ふざけてテレビの前で踊り回ったりするようなお茶目なところもあった。

会社での父は圧倒的なリーダーシップがあり、創業者独特のオーラと威厳にあふれていた。会議などでは部下を厳しく叱りつける場面もある。父が近くを通ると社員の間にはビビッと緊張感が走って背筋が伸びる。家での優しい父しか知らなかった私には驚くことばかりだった。

家と会社とでは別人格。そう思えたので、家にいる時には以前と変わらず、普通に接することができた。父も私が実家にいると「ああ、タカちゃん、今日は来てたのか」と全く自然体だった。

ダイヤ精機の苦境は続きつつも、日々の生活は平穏に過ぎていた2003年9月。

定期健康診断で父の肺にがんが見つかった。早期発見だったため、手術で取り除くことが可能と診断された。大好きな石原裕次郎と同じ慶応大学病院で腫瘍の切除手術を受けた。手術は無事成功し、その後、抗がん剤治療を始めた。医師からは「5年生存率80%」と言われ、家族はほっと胸をなで下ろした。

父は社員にはがんであることを知らせず、1カ月ほど休んだ後に仕事を再開した。

その頃、私にも大きな転機が訪れた。夫の米国赴任が決まり、家族で渡米することになったのだ。

小学校に上がる息子は現地の学校に入学させることに決めた。せっかくの渡米の機会。私自身も「経営について勉強したい」と思い、ウィスコンシン大学の資料を集めていた。赴任や入学、留学のための情報収集や手続きが忙しく、実家に顔を出す機会はめっきり減った。

2004年3月、久しぶりに実家に行き、父を見た時、びっくりした。顔色が本当に悪かったのだ。電話で貧血気味とは聞いていた。体調が悪いのを押して仕事をしていたのだろう。

「もしかして……」

嫌な予感がした。

「社長になってくれ」と懇願され…

父はその日、私に「もう一度、会社を手伝ってくれないか」と言ってきた。だが、私は既に米国で新生活を始めるために、荷物を船便で送ってしまっている。私自身、米国で勉強したいという思いもあった。

何より、いくら中小企業とはいえ、何度も社長の娘が出たり入ったりするのは評判を落とす原因になると思った。

「3度目にダイヤ精機に入る時には骨を埋める覚悟で入る。今は米国での生活が始まるところだからちょっとだけ待って」

私はそう父に告げた。父も納得したようだった。

「わかった。それならあと1年、何とか頑張るか」

「そうそう、頑張って。すぐに戻ってくるから」

父の肩を揉みながら、そんな話をした。

父が病院に担ぎ込まれ、急逝したのはそれから1カ月足らずのことだった。

今思うと、私に3度目の入社を頼んだ時、父は自分の命の期限を薄々感じていたのかもしれない。

急性骨髄性白血病と診断された父だが、後に、実は白血病ではなく、肺がんが白血病になりすまし、脊髄に転移して、一気に全身に広がったものだったということがわかった。それ自体、非常に珍しい現象という。やはり兄が父を連れて行ってしまったのか……。

父が息を引き取った後、悲しみに浸る間もなく、現実が次から次に押し寄せた。

翌日、会社に行くと、メーンバンクである横浜銀行蒲田支店の支店長と担当課長が訪ねてきた。お悔やみの言葉の後、早速、本題に入った。

「それで、この後はどなたが社長になるのですか？」

内心「もう、その話か」と驚いたが、考えてみれば、メーンバンクにとっては最重要事項。尋ねてくるのは当然のことだった。

父は命の消える直前、射すくめるような目で私を見つめ、私も「会社は大丈夫だから！」と応じていた。だが、ただの主婦である私自身がダイヤ精機を継ぐことは全く考えていなかった。「会社は大丈夫」と言ったのは、「適切な人に後を継いでもらうから大丈夫」という意味だった。

メーンバンクに「誰が社長になるのか」と問われた場にいたのは私と夫、姉夫婦の４人。支店長の言葉に困惑しつつも、私と姉夫婦は自然と夫に視線を向けた。

夫はダイヤ精機の取引先である日立ユニシアオートモティブ（現・日立Ａｓｔｅｍｏ）のエンジニアだ。業務内容や業界事情をよく知っているという点で、これ以上の適任者はいない。新社長になった時、最も世間の評価を得られるのも夫だろう。おそらく、銀行の支店長や担当者も夫が新社長になるというイメージを持って、訪ねてきたはずだ。

だが、夫は勤務する会社で半年以上も前から米国赴任が決まっていた身。荷物も送り、後は自分が飛行機に乗るだけの状況だ。それまでダイヤ精機とは何の関係もなかった娘婿がいきなり社長になってうまくいくのかという不安も抱いたに違いない。

「考えてみます」

夫はその場でそれだけ言った。

果たして、どうすべきか。夫婦で何度も話し合った。

たぶん、私が「ダイヤ精機を継いでください」と頼めば、夫は腹をくくり、社長を引き受けてくれただろう。だが、妻の頼みで進む道を決め、万一、うまくいかないことがあったら、夫婦の関係はおかしくなるに違いなかった。

「私からダイヤ精機の2代目になってとお願いすることはないから。自分自身で後悔しない道を選んで」

私はそう伝えることしかできなかった。

夫は10日ほども悩んだだろうか。会社の上司や同僚にも相談したようだ。結局、自分自身の夢であった米国赴任を選択した。

多くの関係者の「意中の人」であった夫は後継者にはならなかった。では、誰か。この時点でも、私は自分が2代目社長になることは考えもしなかった。

次に、私は幹部社員3人を集めた。

夫が予定通り米国に赴任すると決めたことを伝え、「今いるダイヤ精機社員の中から、話し合って新社長を選んでほしい」とお願いした。

私は幹部3人の中の誰かに決まるものと思っていた。

「あの人だろうな。いや、この人かな」

頭に思い描いていた人もいた。

ところが、数日後、幹部社員たちが出した結論は驚くべきものだった。

「貴子さん、社長をやってください」

「全力で支えるからお願いします」

「本当に頼む、この通り」

幹部社員たちは私の前で頭を下げた。

「えっ？　私が社長？」

全く想定していない事態に言葉を失ってしまった。

創業社長の娘で、2度会社に入った経験があるとはいえ、その時の私はごく普通の主婦。経営はズブの素人だ。一方で家族での渡米の準備はすっかり整っていた。

あまりにもかけ離れた2つの選択肢――。

「まさに人生の岐路だ」

そう思った私は、「ちょっと考えさせて」と幹部社員たちに伝えた。

それからは悩みに悩んだ。

小さな町工場とはいえ、ダイヤ精機は国内でも随一の超精密加工技術を持つ会社。主婦だった私が継いで事業を継続することができるのだろうか。

社長になれば、30人弱の社員だけでなく、社員の家族に対しても責任が生じる。彼らの生活を守れるだろうか。

車や家のローンすら組んだことがないのに、会社が抱える負債の連帯保証人も務めることになる。万一の時、どうするのか。

何もかも怖かった。

自分が継ぐか。誰かに継いでもらうか。それとも、いっそ会社を畳むか。結論はなかなか出なかった。

背中を押してくれた弁護士

そんな時期、遺産相続の手続きで、父の代からお世話になっていた石井法律事務所の弁護士・佐藤りえ子さんを訪ねる機会があった。佐藤さんは男性の部下を引き連れ、颯爽《さっそう》と部屋に現れた。自信にあふれた凛々しい姿が強く印象に残った。

相続の相談と一緒に、会社を継ぐべきかどうか悩んでいることを打ち明けた。話しているうちに自然と涙がこぼれた。

「社長になるのが怖い」と告げる私に、佐藤さんはこう尋ねた。

「失敗した時に取られて困るような財産はあるの？」

「アルバイトで結婚披露宴の司会をやっていた時に貯めた貯金50万円ぐらいですかね」

「それなら怖いものなんてないじゃない。うまくいけばそれでいいし、失敗しても命まで取られることはないから、やるだけやってみたら？　ダメだったら自己破産すればいいのよ」

「そうか……」

単純な私はシンプルで力強い言葉に勇気づけられた。

その後、ダイヤ精機の社員一人ひとりと話をする場を持った。

創業者の後、息子や娘婿が社長を継ぐ中小企業は少なくない。だが、娘が2代目となるケースは稀《まれ》だ。しかも、それまで専業主婦だった娘が急に社長に就任するという例は聞いたことがない。もしかしたら、社員の心が離れてしまうかもしれない。

経営幹部からは「社長になってほしい」と言われた。だが、現場の社員はどう思っているのだろうか。創業者の娘がいきなり社長になることを認めてくれるのか。女性が社長になっても、今まで通りダイヤ精機で働くことに情熱を持ち続けてもらえるだろうか。それを知りたかった。

「もし私が社長になってもついて来られる?」

「女が社長でも構わない?」

「それでも仕事は続けていける?」

誰に聞いても「問題ないですよ」「大丈夫です」という答えだった。中には「ダイヤ精機がなくなるとしたら悔しい。会社はぜひ残してほしい」と言った社員もいた。「大田区でものづくりをしていることに誇りを感じています」と胸を張る社員もいた。

ダイヤ精機の存続を望む社員がいる。そして、私の社長就任を望む社員がいる。ならば、後を継がなくてはならない。

そうしている間に、社長就任の意思を固めるもう1つの出来事があった。父が夢枕に立ったのだ。

夢の中で父は社長室のソファに座り、向かいに座った私に「お前な、わかるか。ものづくりに終わりはないんだよ」と説いていた。

「父はものづくりの継承を訴えている」と感じた私は社長就任を決断した。

「この会社の行方に決着をつけよう。それが兄の代わりとして生まれた私の宿命だ。うまくいけばラッキー。ダメだったら関係者全員に土下座すると思えばできる」

そう覚悟を決めた。

そんな私に取引先が最後の一押しをしてくれた。

当時、ダイヤ精機は一部の取引先に対し、手形を使って支払いを行っていた。5月のある日、ある仕入れ先の担当者が「娘さんが社長に就任しないのなら、手形は受け取りません」と言ってきた。

私はその取引先と付き合いがあったわけではない。なぜ、急にそんなことを言い出したのかはわからない。だが、とにもかくにも手形を受け取ってもらえなかったら、現金で支払わざるを得なくなり、資金繰りに窮しかねない。

「やります、やります。いざとなったら土下座する覚悟もできたし、私、社長、やります。だから手形を受け取ってください」

こうして、少し前まで全く想像すらしていなかった、主婦から社長への転身が決まった。

後から知った事実がある。

私に対して「ダイヤ精機を継いでくれ」「2代目になれ」と言うことはなかった父だが、生前、会社の幹部や弁護士、取引先などには、事あるごとに「あの子ならダイヤ精機の2代目が務まると思う。社長に就任したら、全力で支えてやってほしい」と伝えていたそうだ。

生前、父から、そういう依頼があったからこそ、誰もが思い悩む私を後押しし、社長になる道を整えてくれたのだ。

米国には夫が単身渡り、私と小学校1年生になったばかりの息子は日本に残って、それぞれの生活を送ることになった。

米国行きを控えて家電製品や家具はすべて売り払い、洋服もすべて送ってしまった後だったから、「無印良品」や「ユニクロ」で最低限必要なものを買い直した。

2004年5月、私はダイヤ精機の2代目社長として第一歩を踏み出した。32歳。27人いた社員のうち、私より年下は3人しかいなかった。

［第2章］

手探りの会社再生

1―生き残りのための「3年の改革」

社員や取引先に後押しされ、私は2004年5月にダイヤ精機の2代目社長に就任した。

だが、その矢先、出鼻をくじかれる〝事件〟が起きた。

社長就任を決め、姉とともに取引銀行に挨拶に行った時のことだ。

「私がダイヤ精機の社長になります。今後ともよろしくお願いいたします」

そう告げた瞬間、支店長の態度が変わった。

「社長？　大丈夫なのか？　あのな、お前、本気で頑張らなきゃダメだぞ」

「お前……？」

その言葉を聞いて一気に頭に血が上った。

「ちょっと待って。なんでわざわざ挨拶に来たのに『お前』呼ばわりされなくちゃいけないんですか。失礼でしょう。冗談じゃない。ああ、もうやめた、やめた！　社長なんてやめた！」

席を立とうとした私を姉が慌てて止めた。

「まあ、まあ待って。ちょっと落ち着いて。支店長さんは悪意があって言っているわけじゃないんだから。『これから大変だけど頑張れ』と励ましてくださっているのよ」

私はそっぽを向いて黙ったままだった。

私たちはその日、銀行に父の社葬の手伝いを依頼するつもりだった。

父はダイヤ精機社長というだけでなく、東京商工会議所の大田支部会長も務めていたから、葬儀には大勢の参列者が来ることが予想された。ダイヤ精機の社内に社葬を取り仕切るノウハウはなく、人員も不足している。唯一、頼れるのが取引銀行だった。

険悪なムードが漂う中で、姉はその場を必死で取りなし、憤然とする私の横で支店長に社葬の手伝いを依頼していた。何とか引き受けてもらうと、早々にその場を立ち去った。

その後、銀行に出向く機会はなく、支店長とも顔を合わせることのないまま、社葬当日を迎えた。

京浜急行平和島駅近くの斎場に行くと、既に銀行のスタッフが受付に就いて弔問客を出迎えてくれていた。先日、ケンカした支店長が受付の真ん中に立って部下に指示を出しているのが見えた。

気まずい思いで一瞬足が止まった。だが、支店長は私に気付くとさっと駆け寄ってきて深々と頭を下げた。

「社長、このたびは大変ご愁傷様でした。本日はできる限りのことをさせていただきます。どうぞお任せください」

完璧な挨拶。「負けた」と感じ、悔しかった。

「今日はお手数をおかけして本当に申し訳ありません。どうぞよろしくお願いいたします」

精一杯、そう返した。

父の突然の死から1カ月余り。「悲しい」と感じることすらできない怒濤《どとう》の日々を過ごしていた私だが、その日、父の好きな青色の花で埋め尽くされた祭壇の遺影を見て初めて「父が亡くなってしまった」ことを実感し、涙がこぼれた。

「半年で結果を出す」と啖呵《たんか》

社葬の日の和解で銀行とのギクシャクした関係は解消したかに思えたが、そう簡単にはいかなかった。

数日後、会社に再び支店長と担当者がやって来た。

何の用事だろうと訝《いぶか》りながら社長室に通すと、2人はすぐに話を切り出した。私が社長に就任したばかりのダイヤ精機に、いきなり合併話を持ちかけてきたのだ。

相手は東京都内でダイヤ精機と同じように精密加工を手がけているメーカー。売り上げ規模や従業員数もほぼ同じだ。

「ここと一緒になれば、売り上げは2倍になり、事務部門の縮小でコストが削減できます。メリットは大きいですよ」

担当者はそう説明した。

だが、日産自動車など大手企業を取引先に抱えるダイヤ精機と比べ、先方の会社の取引先は中小規模の企業が中心。あまり魅力は感じられなかった。

そんな中で、支店長がとどめの一言を発した。

「社長には、お辞めいただきます。合併後の新会社社長には、先方の社長に就いてもらいます」

また一気に頭に血が上った。

「どういうことですか？」

銀行は、ついこの前まで主婦だった私に社長の仕事を担う力量はないと判断していた。そして、その私がトップに立ったダイヤ精機は、もはや単独では生き残れないと見限った。

表面上は対等合併であっても、実態は相手企業によるダイヤ精機の吸収合併のようだった。国内随一の超精密加工技術を持つ職人だけを取り込み、それ以外の人員は大幅にリストラされてしまうだろう。

私に辞めろと言うのは構わない。だが、社員が不幸な境遇にさらされるのは絶対に御免だ。

「冗談じゃありません」

銀行の提案を一蹴した。

「ダイヤ精機にとって、この合併は全くメリットがない。お断りします」

だが、なおも支店長と担当者は「経営悪化が止まらないダイヤ精機はもはや単独では事業を継続できない」「合併しか生き残る道はない」と説得してきた。押し問答が続いた。

「わかった。とにかく半年待って。それまでに結果を出すから。良い結果が出なかったらあなたたちの好きなようにしていい。ただし、結果が出たら単独でやらせていただきます」

最後はそう啖呵を切って2人を追い返した。

バブル崩壊後、ダイヤ精機は景気低迷の影響を受け、売上高はピークの半分以下の約3億円まで落ち込んでいた。にもかかわらず、社員数は27人とバブル期とほぼ同じ。経営難は深刻だった。

そうした中で、創業者の後を継いだのは主婦だった娘。周囲は「あの会社はもうダメだ」「このままいけば倒産する」と噂した。銀行としても手をこまねいているわけにはいかなかったのだろう。

身売りを提案され、ダイヤ精機に対する評価の厳しさ、私自身の社会的信用の低さを痛感した。

「一刻も早く業績を立て直さなくては……」

残された時間は少なかった。

超精密加工技術が最大の武器

業績は低迷していたものの、金属の精密加工技術に関して、ダイヤ精機は国内でも有数の存在だった。

ダイヤ精機は大田区内に研磨作業を担う本社工場と切削作業の矢口工場という2つの工場を構える。

自動車の製造ラインで必要な金属部品の加工を手がけるほか、部品の寸法を計測するゲージや、加工する部品を適切な位置に誘導・固定する治工具などを製造する。

ゲージはミクロン単位の加工が必要。中でも、世界中の工場でつくられる部品の寸法基

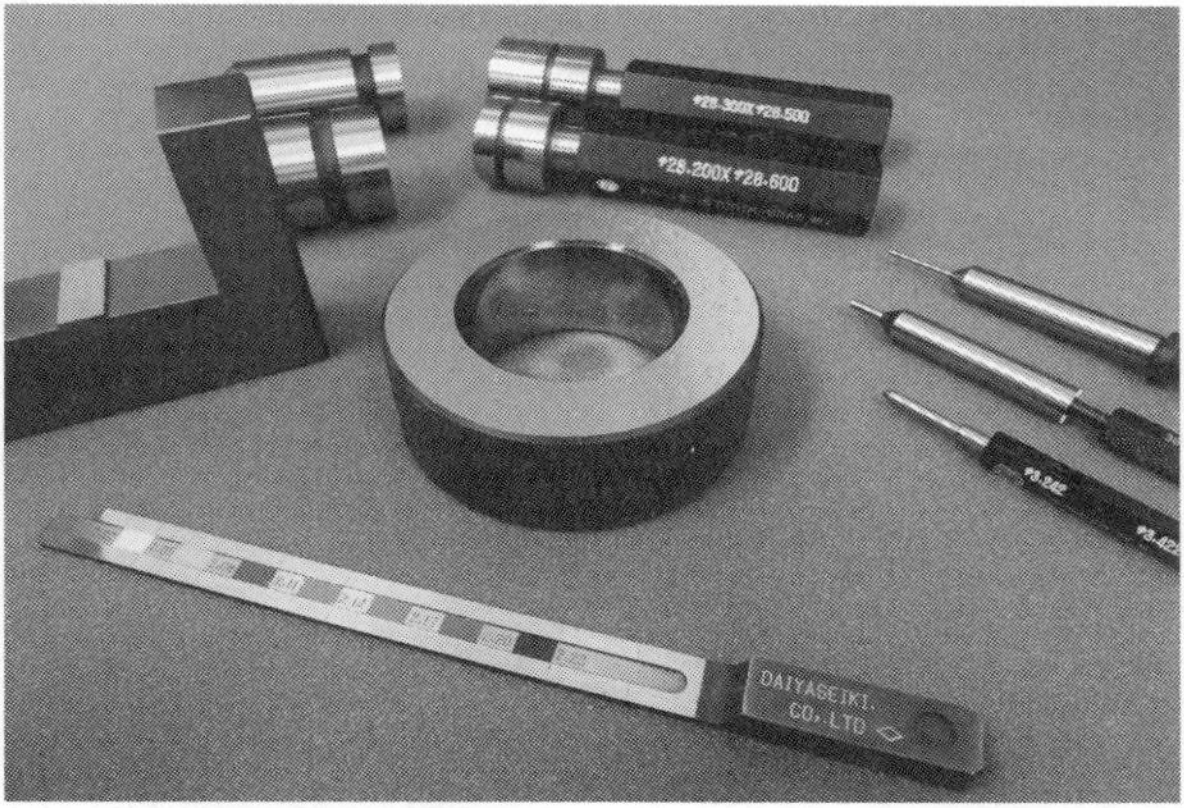

ダイヤ精機が製造するゲージ類。
ミクロン単位の精密加工を必要とする

準になる「マスターゲージ」には、１ミクロン（１０００分の１ミリ）でも寸法が違えば不良品になるほどの超精密加工が求められる。

テーパ（角度）加工の場合はさらに難易度が上がる。角度を表す単位は「度」「分」「秒」がある。１分は１度の60分の１で、１秒は１分の60分の１。マスターゲージに求められるのは「秒」単位の精度である。職人たちはごくわずかな違いを五感で感じ取りながら磨き上げている。

日本国内を見渡しても、これほどの加工ができる企業はほとんどない。

ダイヤ精機が日本を代表する大手企業

を主な取引先に抱えているのは、この高い技術力が買われたからにほかならない。

規模は小さいながらも技術は超一流。日本のものづくりを根底で支えてきたのがダイヤ精機だった。

銀行に対して半年という期限を設け、「結果を出す」と宣言したことで、おのずとやらねばならないことの優先順位が定まった。

とにかく、これ以上の経営悪化を防ぎ、収益力を高めなくてはならない。まずは出費を減らすことだ。

就任1週間で5人をリストラ

社長に就任して1週間ほどでリストラは不可避と覚悟を決めた。

当時、ダイヤ精機の業務は設計、製造、営業という3つの部門に分かれていた。特に問題が大きかったのは、設計部門を担当する100％子会社のダイヤエンジニアリングだ。

ダイヤエンジニアリングには3人のエンジニアが所属していた。設計部門といっても、

3人は単に図面を描く仕事を請け負うだけでなく、自ら顧客を訪ね、ゲージや治工具の新たなニーズを聞き取る営業活動も行っていた。注文を受けたら図面を描き、それを製造部門に回し、製品を製作してもらって納品するというのが彼らの仕事だ。

だが、肝心の受注量が少なかった。3人分の人件費をまかなうには到底不足していたのである。また、注文を受けて設計・製作した製品一つひとつを見ても、売り上げ規模が小さく、利益が出ていない製品が多かった。

一方で、3人のエンジニアは設計という専門職であったため、給与水準はダイヤ精機本体よりも1~2割高い。収益構造が脆弱で長年、不採算が続いていた。

たとえ、社内に設計図面を描ける社員がいなくなっても、ここで1回整理することはどうしても必要だと考えた。

かつて父に提出した経営改革案通り、ダイヤエンジニアリングの解散と所属するエンジニアのリストラを決めた。社長秘書や運転手も町工場には過分と考え、計5人の社員をリストラすることにした。

「やるしかない」と決意したものの、リストラを言い渡すまでには眠れない夜を何日も過ごした。

自分の一言で他人の人生を変えてしまう。相手から罵声を浴びるかもしれない。過去に経験のないことだけに、正直言って怖かった。

ほかの社員が離反して辞めてしまうかもしれないとも思った。だが、「全員辞めてしまったとしても、日本中を探せば、新たに20人ぐらい雇うことはできるだろう。20人集まらず、なくなるような会社ならそれまでだ」と開き直った。

経営者という道を選んだ自分にとって、この試練を乗り越えられなければ、次から次へ押し寄せるであろう難題に立ち向かえない。そう腹をくくった。

当日の朝、一人ひとりを社長室に呼んで話をした。

「当社は売り上げに対して人員が超過しています。大変申し訳ないけれども、会社をお辞めいただきたいと思います」

罵詈《ばり》雑言が飛んでくるかもしれないと身構えていたが、みんな一様に「わかりました。これまで大変お世話になりました。ありがとうございました」と頭を下げて出て行った。

リストラをせざるを得ないダイヤ精機の窮状、その中で2代目社長に就いた私の苦境を理解してくれたのだろう。誰一人恨み言を言うことなく、静かに受け入れてくれた。父が遺した〝人財〟のありがたさを心から感じた。

だが、社内の雰囲気は一変した。5人をリストラしたことを知ると、1人の幹部社員は「何てことをするんだ、このやろう」と食ってかかってきた。1日で社員全員が「敵」になった。

1カ月前まで主婦だった創業者の娘が、社長に就任して1週間で過去に例のないリストラを実行したのだから、社員が反発するのも無理はなかった。

父が亡くなった後、幹部も含め、社員の多くは私に「社長になってほしい」と言った。だが、それはあくまでも〝お飾り〟のつもりだったのだろう。私が形だけ社長のいすに座ってさえいれば、自分たちは今まで通り日々の仕事を粛々とこなしていく。会社が成長することはなくても、自分たちの生活を守ることぐらいは可能だろうという感覚だったはずだ。私に「経営してほしい」とは思っていなかったのだ。

確かにそのやり方でも、高齢の経営幹部が引退するまでの数年間なら、何とかダイヤ精機を存続させることはできたかもしれない。だが、ジリ貧を脱する策を講じなければ、いずれ立ち行かなくなるのは目に見えていた。

ダイヤ精機を長く残し、技術力を維持していくには、会社が抱えている様々な問題を根本から解決することが不可欠だ。

リストラは「私が社長としてこの会社で実権を握る」という意思を社内に表明する機会にもなった。

5人のリストラで月に200万円ほどの人件費を削減。それに加え、経費もとことん削減した。その結果、当面の経営難に対処することはできた。だが、そこで足を止めるわけにはいかない。より強固な収益基盤をつくり上げ、経営を安定させる必要があった。

早速、ダイヤ精機を抜本的に立て直すため、「3年の改革」と銘打った取り組みを始めた。

「これから、ダイヤ精機は『3年の改革』と題して、いろいろな改革に取り組んでいきます。私にあなたたちの底力を見せてください」

社員にこう訴えかけた。

一般に、改革を行う時は、「PDCA（Plan：計画、Do：実行、Check：評価、Action：改善)」の4段階にすることが多い。だが、あえて私は3段階の3年にした。

なぜか。新生・ダイヤ精機に向けてスピード感を持って改革したいというのが理由の1つ。もう1つの理由は、人の心に響き、印象に残りやすい「3」という数字をどうしても使いたかったからだ。

これはユニシアジェックスに勤めていた時、上司から教えてもらったこと。

「3つのポイントがあります」

「3分、時間をください」

「3つのカテゴリーに分けて考えましょう」

何か意見を述べる時には、「3」という数字を入れることを心がけると、内容や発言者のことが相手の記憶に残りやすい。「仕事では『3』という数字を上手に使うといい」とアドバイスを受けた。

安倍晋三首相がアベノミクスで「3本の矢」とうたっているのも、「3」の効果を知ってのことだと思う。

挨拶、5Sで意識改革

こうして、スタートした「3年の改革」。1年目の2004年は「意識改革の年」と定めた。

バブル崩壊後、長く業績が低迷していた町工場の創業社長が突然亡くなった。それまで主婦だった娘が後を継いだ。客観的に見てダイヤ精機は危機的状況にある。その危機的状況を乗り越えるために、社員一人ひとりに、自分たちが生まれ変わり、会社を変えなくてはいけないという意識を持ってほしかった。

そのためには、何を置いても教育が必要だと考えた。

大手企業では新入社員も中堅社員も当然のこととして様々な教育を受ける。だが、小さな町工場の社員は、OJT以外に教育を受けるチャンスはほとんどない。意識を変えるには、ベースとなる知識を植え込む必要がある。

そこで私が講師役となって、それまでダイヤ精機では取り組んだことのない座学での研修を1～2週間に1回ぐらいのペースで行うことにした。

会議室に全社員を集め、最初に訴えたのが挨拶の徹底。

ものづくりの現場にいる社員は概して口数が少なく、ぶっきらぼうだ。大きな声で挨拶を交わすのは照れくさいという気持ちもあるのだろう。きちんとした挨拶ができていない社員もいた。

TPO（時、場所、場合）に合わせて「おはようございます」「お先に失礼します」「お疲れ様でした」「いらっしゃいませ」「ありがとうございました」を使い分ける。挨拶が人間関係の基本、コミュニケーションの核であることを説いた。

だが、社員たちの反応は総じて鈍かった。機械を回して製品をつくり上げることこそが仕事という感覚の社員には、「何で俺たちがこんなところに座って話を聞かなきゃいけないんだ」という反発心がある。研修の内容以前の問題として、研修自体を受けるのが嫌だという態度が明白だった。

そもそも、いすに座って話を聞くという習慣がないから、長く座っていられない。すぐにモゾモゾと動き出し、落ち着きがなくなってくる。そこで、まずは10分という短い時間で、必要最低限の情報だけを伝えることにした。

社員の反応は冴《さ》えなかったが、挨拶に続いて、製造業の基本である「5S（整理・整頓・清掃・清潔・しつけ）」も教え込んだ。中でも5Sの核であり、実行にエネルギーの必要な「2S（整理・整頓）」の重要性を強調した。

「整理・整頓の意味は何かわかりますか」

会議室に座った面々に私が問いかける。誰もしっかりと答えられない。

「整理とは、いるものといらないものに分けて、いらないものを捨てること。整頓とは、いるものを使いやすく取り出しやすく並べること。この意味をきちんと理解した上で整理・整頓をすれば、必ず差が出ます」

そして、「今すぐ自分の職場に戻って、いらないものすべてにこれを貼ってください」と色テープを渡した。

1カ月後、会社に4トントラックを呼び、テープが貼ってある不用なものを積み込んだ。すると、荷台は不用品でみるみるいっぱいになった。ダイヤ精機の小さな事業所内に、これほどムダなものがあったことにびっくりした。

こうして不用品を処分してみると、雑然としていた階段、廊下、工場がとてもすっきりした。スペースや通路が広がり、作業、運搬がしやすくなり、工具類を探す時間も短くなった。

整理・整頓に前向きでなかった社員にも作業効率の向上がはっきりと感じ取れるほどの変化だった。

こうなると、当初やる気が見られなかった社員にも、「ちょっと社長の話を聞いてみるか」という気持ちが芽生えてくる。講師役の私も俄然《がぜん》、研修に身が入るようになった。研修のテーマは毎回、私自身が決めた。ユニシアジェックスで新人研修を受けた時のノートを参考にした。

ホウレンソウ（報告・連絡・相談）のあり方、品質・コスト管理、ＰＤＣＡの考え方など、社会人として、製造業の社員として覚えておくべき知識を取り上げていく。最初は10分だけだった研修時間も徐々に20分、30分と延ばしていった。

やがて、私が手作りした「教科書」を使って研修を行うようになった。今もその教科書は新人社員の研修に活用している。

「悪口会議」が改善の突破口に

1年目の「意識改革」では、工場での改善活動も展開した。

初めは全体会議を開き、社員からより作業がしやすく、生産効率が上がるような提案を募った。だが、22人の社員が一堂に集まると、緊張し、委縮してしまう者もいて、なかなか活発に意見が出ない。

そこで、発言しやすい雰囲気をつくろうと、職場ごとに少人数の「QC（品質管理）サークル」を設けた。ふだん作業をしている中で思いついたアイデアを気軽に話し合えるようにという狙いである。

さらに、若手社員も遠慮せずに発言できるよう、部署を超えて同じ年代の社員を集めたクロスファンクショナルチームも立ち上げた。

チームは10～20代が集まる「若手の会」、30～40代が集まる「中堅の会」、50代以上が集まる「職人の会」の3つ。チームごとにリーダーを決め、会議を月1回開いてもらうことにした。

だが、しばらくすると、「若手の会」から「何を話したらいいかわからない」という声が出てきた。改善提案という堅いテーマを設定したため、「立派なことを言わないといけない」というプレッシャーで意見を出しにくくなってしまったのだ。

そこで、『ちょっとここがやりにくい』とか、『これが使いにくい』とか、会社に対する悪口でも何でも言っていいよ」と伝えた。ただし、悪口を言う相手は私と会社のみ。人間関係にヒビが入りかねない同僚への悪口はＮＧだ。

会社に対する悪口なら、それをどう変えられるかを考えれば、改善提案になる。

こうして「若手の会」は「悪口会議」と呼ばれるようになった。「悪口でいい」という気安さから発言が増え、「工場のガラスが割れたままになっている」「作業でかがむので腰が痛い」といった様々な問題点が浮かび上がってきた。

指摘を受けた問題点には、どんなに小さなことでも対応した。

例えば、「かがむので腰が痛い」という意見は、製品を研磨する時、立って腰をかがめながら磨くスタイルだったことから出てきたもの。

早速、私は「なぜ立ったまま研磨しているの?」とベテラン社員に理由を聞いてみた。答えは「昔からそうだったから」。

特別な理由はなく、単なる慣習だったのだ。

そこでベテラン社員にいすを用意し、座って研磨してもらったところ、「これは楽でいい」と非常に評判が良かった。

こうして「悪口」から1つの改善が生まれた。ささやかな変化ではあるが、長い目で見れば、労働環境が改善され、作業効率が上がると期待できる。

悪口会議から生まれた改善はほかにもある。

従来、製作途中の半製品はいったん床の上に置き、次の工程に進む時には社員が一つひとつ持ち上げ、台車に載せて運んでいた。「重い」「時間がかかる」という声が出て、床の上ではなく、台車の上に置くようにした。数個まとまった段階で一気に運べるようになり、時間も労力もぐんと減った。

バラバラに置いていた工具をサイズ別に整理して並べるようにしたり、重い製品の製作用にチェーンブロックを導入したり、階段横の汚れていた壁をペンキで塗り直したりしたのも、悪口会議がきっかけだった。

いすに座って作業する、工具をサイズ別に整理するといった改善は、他の作業場所にもすぐに水平展開し、会社全体の生産性向上に結びつけようと努めた。

大手メーカーに比べれば、どれもささやかな改善ばかりだ。

だが、私は社員から提案が出て、それを実現するのがとてもうれしかった。どんなに小さなことでも、実現するたびにものすごく喜び、社員を褒めた。コスト削減につながる重要度の高いアイデアは、全社員を集めた「QC発表会」で発表させた。

重要なのは社員が積極的に提案すること。そしてどんなにささいな提案でも、会社が必ずそれを取り入れることだ。

時には、せっかく若手が改善案を出しても、従来のやり方に慣れているベテランが難色を示す場合がある。そういう時には、構わず若手だけで新しいやり方にトライさせた。その結果、メリットが明らかであれば、ベテランも納得し、若手を評価してくれるようになる。

自分が提案した改善策が実現すれば、モチベーションが上がり、さらなる改善のタネを探し、気付き、実行するようになる。若手社員にとっては、「自分の努力や工夫で会社を変えられる」ことが大きな励みになる。

こうした活動を繰り返す中で、社員の「ムダをなくそう」「効率を上げよう」という意識は日に日に高まり、一体感を持って改善を進められるようになった。小さな改善が一つひとつ積み重なるたびに「会社が良くなっていく」ことを実感できた。

オーラのない2代目のスタイル

32歳で主婦から社長に転身した私は、創業者の父とは全く異なる経営スタイルを実践しようと考えていた。

父は50メートルぐらい離れたところにいても「社長」とわかるようなオーラがあり、社員の誰もが畏敬の念を抱く存在だった。何事もトップダウン。圧倒的なリーダーシップを発揮しながら社員を引っ張った。

2代目の私にはもちろん、父のようなカリスマ性はない。社長に就任した時、私より年下だった社員は3人だけ。営業で取引先に出向いても、名刺を渡すまで、社長と思われることはほとんどない。秘書と勘違いされ、控室で待たされそうになったこともある。

若く、経験も不十分な私が、父のようにトップダウンで物事を決めることは不可能。どんなに頑張っても、父は決して超えられない存在だ。そこで、父とは反対に、現場の社員の意見を吸い上げるボトムアップ型の経営を目指した。

意見を吸い上げるためには、社員とコミュニケーションを密に取ることが必要だ。社員との距離を縮め、笑顔で自然にコミュニケーションを取れる関係をつくりたいと思った。

そこで社長に就任してからの2～3年は、できるだけ作業着を着て工場に入り、社員と一緒の時間を過ごすことを心がけた。

ユニシアジェックスのエンジニア時代には、私も旋盤やフライス盤を操作したことがある。機械が壊れたりすると、「ちょっと見せて」と動かしてみたりした。

社員の隣に立って作業を眺め、出来上がった製品を見ては「すごいね」「きれいな仕上がりだね」と褒めて回った。

社員一人ひとりの変化を見つけては「髪切ったんだね」「目の下のアザ、どうしたの？」と声をかけた。トイレや機械のそうじもした。

日々、現場で起きていること、社員が感じていることを何でもいいから肌感覚で知りたかった。

ゲーム感覚で「大阪弁の日」

だが、いくら工場に長い時間いることを心がけても、社長と社員の間にはなかなか越えられない壁がある。もっと距離を縮めたい。

そこである時、一計を案じた。ゲーム感覚で「大阪弁」や「京都弁」を使って話しかけてみることにしたのである。

「今日は大阪弁の日やねん」と前置きした上で聞く。

「この図面、どうやったん？」

「何かうまくいってないことあるん？」

社員からすると、「この図面はどうでしたか」「うまくいっていないことはありますか」

とまじめに聞かれるより答えやすいようで、自然と会話が増える。

私は東京生まれの東京育ち。大阪弁には縁遠い。「社長、何か変ですよ、その大阪弁」と指摘されて、「そうやねん、ほんまはよく知らんねん」と答えたりする。

「社長との会話」が日常的になってくると、みんな構えることなく接してくれるようになった。

「大丈夫？　どこか悪いところはない？」と聞くと「悪いのは顔だけです」と冗談が返ってくるような、笑いの絶えない職場になっていった。

やがて、社員が「社長がどこにいるかは笑い声でわかる」と言い、工場を訪ねてきた取引先から「ダイヤ精機の社員はみんな楽しそうに働いているね」と言われるような雰囲気が生まれるようになった。

試行錯誤を繰り返しながら、新米社長の1年は過ぎていった。

社長就任直後、銀行が持ちかけてきた合併話を蹴り、「半年で結果を出す」と啖呵を切った私だったが、その時点で結果を出せる自信があったわけではない。

リストラ、研修、改善活動など、その都度、優先順位を決めて「やるべき」と思ったことを一つひとつ実行することに集中するしかなかった。

社長に就任したのが2004年5月。断腸の思いで5人のリストラを決行したのが6月。そして、ありがたいことに、その直後に〝神風〟が吹いた。

2004年7月から、急激にゲージや治工具の需要が膨らみ始めたのである。主要な取引先である日産自動車がグローバル展開を強化し、新たにラインを立ち上げるタイミングに重なった。

2005年7月期の売上高は3億7000万円と、前年度比14・2%増を達成した。業績グラフはきれいなV字カーブに。地道な改善活動で利益率も上昇。ジリ貧だったダイヤ精機は息を吹き返した。

社長就任直後にケンカした銀行の担当者は折に触れてダイヤ精機を訪ね、業績を確認してくれた。

ダイヤ精機は上場企業ではなく、業績を開示しているわけではないから、V字回復したことも、周囲のほとんどの人は知らない。経営者は問題なく経営して当たり前。社員からも取引先からも褒められる機会はない。

結果を出しているにもかかわらず、外からの評価がないから、「これで良いのか」「今のまま進んで大丈夫か」と不安になることもあった。そんな時、「すごいですね」「よく頑張っていますよ」という銀行の担当者の言葉は大きな支えになり、勇気づけられた。

「経営者の孤独」を噛みしめ…

こうして社長就任後の1年を振り返ると、トントン拍子で改革が進んだように見えるかもしれない。

だが、決して順風満帆だったわけではない。

先に触れたように、社長就任直後にリストラを断行した時には、私に対する社員の反発が大きくなった。

その後も、研修や改善運動など、私が取り組んだことすべてに対して、最初は「どうして、そんなことが必要なのか」「なぜ、やらなくてはいけないのか」という抵抗があり、文句が出た。

幹部社員から「てめえ、何考えてるんだ」と罵られ、ケンカになったこともたびたびある。

今、振り返れば、最初の1年は新しいダイヤ精機の経営を模索していた私と、突然それを押しつけられた社員とが、ぶつかり合い、お互いを理解し、歩み寄るまでの格闘の時間だった。

幹部社員に関して言えば、自分たちが「全力で支えるから社長になってくれ」と私に頼んだ手前、反発ばかりしているわけにもいかない。彼らも苦しみ、葛藤した日々だったと思う。

経営難が続いていたダイヤ精機を立て直したい思いは私もほかの社員も同じ。だが、父の時代と180度違う経営スタイルに、社員の多くは戸惑うばかりだったのだろう。

ありがたかったのは、社長室では「そんなのはおかしい」「いい加減にしろ」と激しく言い合う幹部社員たちが、ほかの社員の前では私を立ててくれたことだ。

もし、幹部社員がほかの社員の前で私に離反するような態度を取っていたら、私は本当のお飾り社長にとどまってしまったに違いない。

社長に就任して間もなくは、無我夢中すぎて、社員から反発されても、抵抗されても、「イヤだ」「困った」などと考えることができなかった。

だが、就任から半年が過ぎ、収益も安定し、少し落ち着いてきた頃、急激に孤独感に襲われた。

「会社を良くするため、社員を守るためには、絶対にこれが必要なのに、なぜわからないのだろう」

「こんなに考えて決断しているのに、どうして反発ばかりするのか」

「『社長になって』と頼まれたからなったのに、なぜこんな目に遭わなければいけないのだろう」

心の中には「なぜ」「どうして」という不満や鬱憤がたまっていくばかり。

だが、そうした苦悩を誰かに打ち明けることはできなかった。

ダイヤ精機の2代目に就任することは自分で考えに考えた末に決断したこと。誰にも恨みや怒りをぶつけることはできない。

夫は単身、海外赴任中。家には仕事を持ち込まないと決めていたから息子の前では「明

る い母親」の顔だけを見せるようにしていたし、高齢で病弱な母にも心配をかけたくないから泣き言を言うことはできなかった。

社長になってから、すべての経営判断を1人で行うと決めていた。もし誰かに相談した上で決断し、うまくいかなかったら、相談した人のせいにしてしまうと思ったからだ。しかし、あらゆる局面において1人で決断するプレッシャーも日に日に大きくなっていった。

追い詰められた私は毎晩、寝る時にベッドの中で泣いた。

会社に行く時には虚勢を張った。黒のスーツが私のスイッチ。着替えている間に、「闘う」気持ちを高めた。スーツの袖に腕を通す時には「よし、今日も絶対に負けないぞ」と念じた。朝、会社に向かう車の中で「強くなれ、強くなれ」と言い聞かせた。

それでも、虚《うつ》ろな気持ちになることもあった。会社に来て社長室に向かう階段を上る途中でふと「私、なぜこんなところに来ているんだろう」という疑問が頭をよぎる。誰もいない社長室に入ると、一瞬「お父さんがいない。どこへ行ったの?」と不思議に思う。そんなことが続いた。

父の死が突然すぎて、現実をきちんと受け止めることができていなかったのだろう。主婦から社長への転身で生活も激変。そのギャップの大きさに、心と体が乖離《かいり》したような状態になっていた。

「たまたま女だっただけ」

心が折れそうだった私を救ったのは、その頃、読んだ本の中で出合ったシェークスピアの言葉だ。

「世の中には幸も不幸もない。考え方次第だ」

この一節を見た瞬間、霧が晴れたような気分になった。

何事も考えようで、世の中には「絶対に悪いこと」もなければ、「絶対に良いこと」もないと気付いたのである。

専業主婦では到底味わえないような貴重な経験をたくさん積んでいる。

1人も辞めることなく一緒に頑張っていこうとしている社員に囲まれている。

32歳という年齢だからこそ、わからないことは素直に「教えてください」と言える。

冷静に自分の置かれた立場と環境を考えたら、実はとてもラッキーだと思えた。以来、何事も前向きに見ることができるようになった。

新たな趣味ができたのも大きかった。会社近くのスポーツクラブの中に父と一緒によく通った喫茶店がある。ある時、会社帰りにその喫茶店に立ち寄ってみると、クラブのスタジオでクラシックバレエを踊っている女性たちの姿が見えた。

子供の頃は男の子のような遊びに夢中だった私だから、バレエを習う機会はなかった。だが、優雅に踊る女性たちを見ているうちに、「楽しそう。私もやってみたい」と思った。早速、入会手続きをしてレッスンに通うようになった。

無心に体を動かしているうちに嫌なことは全部忘れられた。以来、バレエは最高のリフレッシュ法になった。きっと、2代目社長として苦闘する私に、天国の父がバレエを引き合わせてくれたのだろう。

その時期、もう1つ吹っ切れたことがある。自分が「女性」であるというこだわりから解放されたのだ。

社長に就いてすぐに銀行から身売り話を持ち込まれたことで、製造業で「女性」が経営者になることは、対外的には大きなマイナスであることを嫌と言うほど思い知らされた。

おまけに32歳の私は社会人経験も少なく、「頼りない」「信用できない」とマイナスに取られるばかりだった。

当初は私自身、それが負い目、引け目になっていた。メディアの取材は一切受けず、顔写真を出すことも断り、公の場にはほとんど顔を出さなかった。

社内の経営基盤を固めることに必死だったこともあるが、若い女性である私が表に出て、会社に悪いイメージがつくことを避けたいという気持ちがあった。

社長就任から1年ぐらい経った時のことだろうか。何かの拍子に社員に謝ったことがある。

「社長が女でごめんね。頼りないよね」

すると、その社員は笑って言った。

「いや、社長はたまたま女だっただけですよね。社長は社長。男より男っぽいじゃないですか」

その一言に救われた。私1人が性別にとらわれすぎていたのだと感じた。

製造業は男性中心の世界だが、やる気さえあれば、きちんと結果さえ出せば、男性も女性も関係ない。そう思うと、肩の力が抜け、とても楽になった。孤独感からも負い目からも解放され、気持ちを切り替えられるようになると、もう悩むことはなくなった。社長として自分が「正しい」と思うことを貫き、突き進むだけだと思った。

創業事業を守り抜く

「3年の改革」の1年目で意識改革と同時に進めていたのが経営方針の策定だ。社長就任に際して全社員と話し合いの場を持った時、1人の社員が「新社長はどういう経営方針でダイヤ精機を率いるのですか」と聞いてきた。

その言葉を聞いて、「うちの社員はすごい」と感じ、「この会社ならうまくいく」と確信した。これだけ会社のことを考えている社員がいるのなら、トップに立つ人間が正しい方向に導けば、悪い結果になるはずがない。

同時に、「私の経営方針を固めなくてはいけない」と気付き、就任直後から方針策定の作業を始めた。

経営方針は社員と私とのベクトル合わせだ。

この会社の強みは何か。この会社が存在する意義は何か。社員に理解してもらえるわかりやすい言葉で示さなくてはならない。

創業者は自身が示す方針や理念が先にあり、それに共感して後から入ってきた人たちと一緒に仕事を進めていけばいい。

それに対し、2代目は創業者の下で働いていた人が納得し、ついて来てくれるような方針を新たに掲げなくてはならない。

1年がかりで考え、策定した経営方針に盛り込んだのが「ものづくり大田区を代表する企業となる」「超精密加工を得意とする多能工集団である」といった文言だ。

この経営方針を策定するに当たって、後にダイヤ精機の存続を左右するような大きな決断も下した。ダイヤ精機の創業事業であるゲージ事業の継続だ。

ダイヤ精機がつくる自動車部品用のゲージはミクロン単位の超精密加工技術を要する。

中には1ミクロンでも磨きすぎると不良品となるものもある。治工具を扱う職人の技術レベルを1としたら、ゲージをつくる職人の技術レベルは4〜5にも達する。育成には時間も手間もかかる。

自動車メーカーや部品メーカーは、このゲージを使いながら部品を大量生産する。ダイヤ精機がつくったゲージの寸法にごくわずかでも狂いがあれば、大量生産した部品は使えなくなり、巨額の損失が発生する。小さな町工場であるダイヤ精機も、その損失の一部を負わねばならない時もある。製作が難しいだけでなく、大変なリスクを抱えた製品なのだ。

かつては「リスク単価」といって、仮に1回、不良を出したとしても、赤字に転落することのないような価格が設定されていた。ところが、自動車業界の厳しいコスト管理でゲージの価格もどんどん下がり、1回でも不良を出してしまうと、赤字に陥りかねない状態になっている。

巨額損失のリスクを抱える一方で利益率はさほど高くない。人を育てるにも時間がかかる。周囲には、そんなゲージの製造を「割に合わない」とやめていく町工場も少なくなかった。

ダイヤ精機は当時、ゲージ事業から撤退しても十分、存続していけるぐらい治工具・金型部品で売り上げを稼いでいた。

客観的に見ると、ダイヤ精機がゲージ事業を続けるうまみは少ない。抜本的な立て直しを進めるに当たって、ゲージ事業からの撤退も現実的な選択肢の1つだった。

だが、あえて私はゲージを残す決断をした。

ダイヤ精機の源流とも言えるゲージは、たとえ儲けが少なくとも重要な製品。会社の起源を残すことには大きな意味があると考えた。「他の町工場にはできない精密なものづくり」に誇りを持っていた父の思いを引き継ぎたかった。

ミクロン単位の加工はリスクが高いからと、そこから撤退してしまっては、技術力は衰退する。あえて挑戦し続け、ダイヤ精機の看板にしようと思った。

「ものづくり大田区を代表する」「超精密加工を得意とする」という経営方針は、「ダイヤ精機は引き続きゲージに取り組む」という宣言でもあった。

後に、このゲージが苦境に陥ったダイヤ精機を救うことになる。

2年目の「チャレンジ」で設備を更新

1年目の意識改革で会社の土台を整えることができた。そして、迎えた翌2005年、「3年の改革」の2年目のテーマは「チャレンジ」とした。世の中で「良い」と言われているものをどんどん取り入れ、新しいことに取り組もうと考えたのである。

まず手をつけたのは生産設備の購入。バブル崩壊後、業績が悪化したダイヤ精機は長年、機械の更新ができていなかった。一部の機械は老朽化が進み、いつ調子が悪くなって止まってしまってもおかしくない状態にあった。

万一、止まってしまえば製造できない製品が発生し、取引先に多大な迷惑をかけてしまう。急を要する機械更新を、このタイミングで実施することにした。

導入が必要と判断したのはNC（数値制御）旋盤、汎用フライス、研磨機、NC研磨機の4台。機械は1台1000万円ほどだから、総額4000万円にもなる。勇気のいる決断だったが、前年、V字回復を遂げてキャッシュが積み上がっていたこともあり、「今しかない」と突き進んだ。

ところが、思いも寄らない壁にぶち当たった。機械を買うルート、人脈を父から引き継いでいなかったため、思うように機械を購入できなかったのだ。

機械を製造するメーカーはわかる。だが、メーカーからの直接購入はできず、商社を通す必要があった。何社か商社と連絡を取ってみたが、どこも「一見さんお断り」。2代目社長に交代したばかりで信用のないダイヤ精機と取引しようという会社はなかった。

機械を買いたいのに買えない。想定外の事態に困り果てた。

機械メーカーが出展する展示会にも足を運んでみた。会場を歩き回り、片っ端からブースをのぞいていったが、私が客とは思えなかったのだろう。誰も相手にしてくれなかった。

「この会場で最初に声をかけてきてくれたメーカーから買う」

そう心に決め、歩き続けていると、とあるブースで、待ちに待った一声がかかった。

「ご説明しましょうか？」

森精機製作所（現・DMG森精機）の営業マンだった。

「ありがとうございます。私、この機械、買います」

営業マンはとても驚いた様子だったが、私がダイヤ精機の社長と知って、森精機の機械を扱う商社を紹介してくれた。

早速、連絡を取ってみた。その商社とも過去に取引はなかったが、先方の社長はダイヤ精機のことも父のことも知っていた。トントン拍子で話が進み、ようやく目当ての機械を買うことができた。

実は、ダイヤ精機がNC研磨機を導入したのはその時が初めてだった。

ベテラン社員は数値制御の機械を嫌う傾向がある。手応え、火花の飛び方など、自分の感覚を頼りに研磨をしたいと考えるからだ。

長年の経験で独自の感覚を身につけてきたベテラン社員からすれば、数値を入力しさえすれば自動で研磨できるNC機は心許《もと》なく感じるのだろう。

だが、研磨の作業には単純なものもあれば、微妙なタッチが必要な難易度の高いものもある。簡単な研磨なら熟練工の手を煩わせるまでもなく、機械に任せてしまえばいい。

そう考えて思い切って導入してみると、当初は渋い顔をしていたベテラン社員が「正解でしたね」と言ってきた。単純作業に煩わされることがなくなり、より難しい仕事に集中できるようになって、作業効率が向上したのだ。何事もトライしてみるものだ。

NC機を導入したのと同時に、若手社員の教育手順も変えた。

ものづくりの世界では、自分の手で操作する汎用機の使い方を最初に覚え、その後にNC機に触れるという順番が「暗黙のルール」となっている。

長年、汎用機で作業してきたベテランからすると、NC機は〝邪道〟であり、王道の操作を学ぶべきという感覚があるのだろう。

だが、私は汎用機の使い方を覚えてからNC機を扱うという従来の教育方法は、慣習と前例以外、合理的な理由はないと思った。

今の若者は小さい頃からパソコンに慣れ親しんでいる。汎用機よりもNC機を使う方がずっと得意だ。NC機のボタンを押し、機械を回している間に汎用機の操作を覚えれば、入ったばかりの新人でも生産に貢献できる。

企業にとって社員教育は「投資」にほかならない。経営資源が限られている中小企業には、人が育つのを待っている余裕はない。一刻も早く戦力となって働いてほしいというのが本音だ。

そこで、私はルールを変えた。若手社員にはNC研磨機を先に扱わせ、並行して汎用機の使い方を教えることにしたのだ。

ベテラン社員からすると「あり得ない」方法らしく、かなり抵抗を受けたが、実際にやってみると、何ら問題はなかった。

若手社員も早くから生産活動に加わり、「自分が操作した機械で生産した」という達成感を得ることで、苦手な汎用機の操作も意欲的に学ぶようになった。

固定観念にとらわれずに「なぜ」を追求し、合理的に物事を判断することで、より良い道を切り開くことができたと思う。

顧客が求める「対応力」

機械導入に続いて取り組んだのが生産管理システムの構築だった。

話は2004年にさかのぼる。

社長に就任した私はダイヤ精機について誰よりも深く知った上で、今後の戦略を練ろうと、40年分の経営データからＳＷＯＴ分析を始めた。

ＳＷＯＴ分析とは強み（Strengths）、弱み（Weaknesses）、機会（Opportunities）、脅威（Threats）の４つのカテゴリーを分析し、企業が継続的に発展するための最適・最強の戦略を立案するツール。時間をかけて分析した結果、私はダイヤ精機の強みは技術力にあると導き出した。それを最大限に生かすような戦略を構築した。

このＳＷＯＴ分析を取引先で監査役を務めていた方に見ていただく機会があった。良い分析ができたと自信があり、内心、「褒めてもらえるかな」と期待していた。ところが、彼は一通り資料を見ると、ぱっと私に突き返した。

「これはダイヤ精機の社長であるあなたの目線でしょう。お客様の目線で分析していないのではないですか」

指摘されてはっとした。

「顧客第一主義」と口では言い、常にそれを意識して行動しているつもりだったが、肝心な時に自分の立場でしか物事を見ていなかった。

では、顧客はどういう目でダイヤ精機を見ているのだろう。

早速、翌日、取引先のメーカーに行き、担当者に尋ねた。

「どうして、うちの会社に注文を出してくれるのですか？」

「うちの会社の強みって何でしょう？」

唐突な問いかけに担当者は「そんなことを聞いてきた経営者は初めてですよ」と大笑い。その後で「あのね」と丁寧に教えてくれた。

「品質が高く、コストが適正というのは、もう当たり前の時代です。では、どうしてうちの会社がダイヤ精機に注文を出しているか。対応力ですよ。急な依頼にも応えてくれる。欲しいと思った時に持ってきてくれる。足繁く通って課題を一緒に解決しようとしてくれる。だから、頼んでいるのです」

私にはとても意外な言葉だった。「えっ、そこなの？」と思った。

だが、対応力という点では、取引先との距離が近い分、低コストを武器にする中国勢などより確かに有利だ。取引先が対応力を評価してくれているのならば、それをさらに強化する必要がある。

では、どうすれば対応力を高めることができるのだろうか。

ダイヤ精機には、複数の機械を使い、複数の工程をたどってつくり上げる製品が多い。製品によって形も生産工程も異なる。究極の多品種少量生産を行っている。

私がエンジニアとして勤めていたユニシアジェックスでは、1カ月に扱う製品数は100点ほどだった。それに対して、当時のダイヤ精機は図面だけで7000枚。出荷製品数は1万点にも達している。

対応力を高めるために必要なのは、この多品種少量生産を徹底管理することだと考えた。生産の進捗を管理し、リードタイムを短縮し、決められた納期を守り、急な注文や設計依頼にも応えられる体制を整えるのである。

実は、当時のダイヤ精機の進捗管理は極めて大ざっぱだった。「AS400」というオリジナルの生産管理システムを使っていたが、このシステムは売り掛け・買い掛け管理用で受注後の進捗管理はできていなかった。

製品の受注後は各工場長が作業指示を出すだけで、いつ、何を、どの機械を使って、どんな工程を通して仕上げていくかは、各人がバラバラにノートやパソコンで管理していた。全体の生産状況を把握している人間はいなかったのである。

そんな中で、取引先からは時にイレギュラーな「特急対応」の注文が来る。今、製作中の製品がどういう工程にあるのかが正確にわからないまま、幹部の勘と度胸で対応していたのだから、ある意味、神業だ。

そんな進捗管理を改善しようと、マイクロソフトのデータベースソフト「Ａｃｃｅｓｓ」を使ってみた。だが、１つの製品の情報を「ＡＳ４００」にも「Ａｃｃｅｓｓ」にも入力しなくてはならず、「二度手間になる」と社員からの評判が悪かった。

そこで、生産情報を一元化できるよう、思い切って生産管理システムを一新することにした。

システム構築には３つのパターンある。１つ目は、我々の仕事の流れに合わせてシステムエンジニア（ＳＥ）が構築するパターン。２つ目は、ベースとなるシステムをカスタマイズするパターン。３つ目は、パッケージソフトを活用するパターンだ。

安くて、簡単に操作ができて、サポートがあるという条件に合うものとして、３つ目のパッケージソフトの活用に決めた。

多品種を生産するダイヤ精機の工場で、リアルタイムで進捗管理や原価管理ができるよう、バーコードを使って簡単に情報が入力できるソフトを探した。

パッケージソフトには多くの機能が搭載されているが、手を広げすぎると使いこなせなくなるケースが多いため、使う機能は「進捗管理・原価管理」に絞り込んだ。

展示会などで求める機能を備えたソフトを探し回った。

パッケージソフト探しと同時に、社員に対する啓蒙活動も始めた。これまで長年、勘を頼りに生産管理をしてきた社員たちにコンピューターシステムを使ってもらおうというのだから、一筋縄ではいかないのは当然だった。

社員を集めた会合を開き、新しいシステムを活用する効果やメリットをプレゼンテーションした。会合の最後にアンケートを取り、現場の意見・要望を聞く。そこで出てきたのは「面倒くさい」「何の意味があるのかわからない」といった疑問や不満ばかりだった。

1週間後、もう一度社員を集め、「今、ダイヤ精機の生産現場にはこんなリスクがある」「事故を防ぎ、収益を改善するためには、こういう解決方法が必要だ」と説明した。その上で、再びアンケートを取った。

翌週また会合を開き、アンケートに書かれた疑問や不満に答える。この作業を繰り返した。手間、時間はかかったが、システム導入の意義を社内に浸透させるには、どうしても必要なプロセスだった。

半年かけて社員にコンセプトを理解してもらった後は、実際に導入するソフトの操作方法を教え込んだ。

ここでも、「元の画面に戻るボタンが欲しい」「必要な画面を開くのに何回もボタンを押さなくてはいけないのが面倒」といった声が山ほど出てくる。その都度、ソフトメーカーにオプション費用を払ってカスタマイズをお願いした。パソコンに触ったこともないベテラン社員でも使いこなせるよう、簡単操作にこだわってつくり込んだ。

「社長、手が震えてクリックできない」と言うベテラン社員には、「先に病院に行った方がいいね」などと冗談を言いながら、ダブルクリックのやり方から教えた。

IT武装で収益力もアップ

こうして2005年9月、新しい生産管理システムが稼働。以後、受注から納品までの流れをすべて自動で管理できるようになった。

製品を受注したら作業指示書の代わりに、製品番号や工程情報などが入ったバーコードをプリントアウト。図面に添付して工場に配布する。

社員は自分の担当する工程に取りかかる前と、作業を終えた後にリーダーでバーコードを読み取る。これによって、1万点にも及ぶ製品の生産情報が一元管理される。

製品ごとに、パソコン上で「材料取り」「形状加工」「穴開け」といった工程について、「未着手」「着手」「中断」「完了」などの作業状況をリアルタイムで確認できる。社員は、いつ、どの製品の、どの作業に取りかかるべきかを明確に把握できる。作業の流れや仕事の段取りが、ぐっとスムーズになった。

生産状況を常に確認できるため、これまで社員が毎日書いていた作業日報や進捗日報は必要なくなった。現場管理者の管理業務も減り、ものづくりに専念できる時間が増えた。

効果は定量的にも定性的にもはっきりと出た。

特急対応件数は月10件から20件に増えた。急な設計変更などの依頼があった場合にも、該当製品が今、どの工程にあるかがわかるから、即座に対応できる。

取引先から進捗状況や納期の問い合わせがあった時、従来は営業担当者が工場内を回り、職人一人ひとりに作業の状況を確認して回答していたが、システム導入後はパソコンで確認すれば、誰でもすぐに正確な状況を回答できるようになった。

これは取引先との関係強化につながった。

レストランで注文した料理がなかなか出てこない時のことを想像してみてほしい。店員に「まだですか」と聞いて、「ちょっとお待ちください」と言われたまま待たされ続けたら、なおさらイライラする。「次にお出しします」と言われれば、「あと少しだな」と納得し、落ち着いて待つことができる。

それと同じで、「いつ出来上がるか」「今、どういう工程にあるか」が正確にわかると取引先は安心する。「きちんと管理できている」という信頼感も増す。

システム導入の効果は、2007年7月に起きた新潟県中越沖地震後の対応にも如実に表れた。

マグニチュード6・8、最大震度6強を記録したこの地震で、自動車製造に必須のピストンリングのメーカーの工場が被災。マスターゲージが使い物にならなくなってしまった。

一刻も早い復旧のため、日産自動車から「3日でマスターゲージを納めてほしい」という注文が来た。

マスターゲージは通常、製造に3週間程度かかる。特急で製造するとなると、ほかの仕掛品の納品時期に影響が生じる。

そこで生産管理システムを活用し、影響度合いを予測。仕掛品の優先順位やフォロー対応まで提示した上で、特急対応を行った。後に、取引先から「あの対応ができたのはダイヤ精機だけだった」と評価してもらった。

生産管理システムの導入で、狙い通りに取引先からダイヤ精機の強みとされた対応力に磨きをかけることができた。それだけでなく、IT化は収益面でも大きなメリットをもたらした。

従来は製品の進捗管理ができていなかったため、月の途中では、その月の売り上げがいくらになるのか、見通しが立たなかった。私は毎月、「今月はどうなるのだろう」とヒヤヒヤしたものだ。

システム導入後は、そんな心配がなくなった。納入済みのもの、納入見込みのものなどが明確に把握でき、正確に当月の売り上げが見込めるようになった。

また、新たに導入したシステムは、材料費、外注費、作業工数などを入力することで、製作完了後に製品の原価を計算することができる。1品1品の原価を把握した上で、コストのかかっている箇所をピンポイントで抽出し、「この製品はコストの高い外注をやめて内製に切り替えよう」といった策が立てられるようになった。

1年目の改善活動の成果もあるが、システム導入後の2006年7月期には、私が社長に就任した当時と比べ、営業利益率は5ポイント近く高くなった。システム導入でかかった費用は600万円ほど。余りある効果が得られた。

事前に繰り返し会合を開いて啓蒙していたものの、気難しいベテラン社員たちが本当にシステムを使ってくれるかという不安は最後まで消えなかった。

だが、社員は「何のためにやるのか」を理解し、「効果がある」とわかると、とことん活用してくれた。何度もプレゼンテーションを繰り返し、社員の要望を取り入れたことで「自分たちがつくり上げたシステム」と愛着を持って使いこなしてくれた。

新旧システムの切り替えは、大手企業でも通常2～3カ月はかかる。ましてやダイヤ精機はＩＴから縁遠い町工場。完全切り替えには半年から1年かかると踏み、古いシステムも同時並行で使っていた。

ところが、3カ月ほど経った頃、社員の方から「社長、もう古いシステムは切っていいと思いますよ」と言ってきた。早すぎるのではないかとも思ったが、実際に3カ月で問題なく旧システムのシャットダウンに成功した。

総仕上げは作業標準化

2006年、「3年の改革」の最後の1年は「維持・継続・発展」をテーマにした。それまでの2年間で会社の基盤をつくるために必要な改革、改善には一通り手をつけている。この後の問題は、それをいかに継続していくかだと考えた。

新しいことを始める時には、もの珍しさもあって高いモチベーションで取り組むことができる。スタートの「ドキドキ」した気持ちや「ワクワク」した高揚感が消えた後も、それをやり続けるというのは並大抵のことではない。ダイエットやジョギングと同じ。続けることこそが一番難しい。

そこで、私は2年間でつくり上げた仕事の仕組みや流れを整理し、標準化することにした。設計業務を担当していた社員に協力してもらい、一つひとつの業務の基準書をつくったのである。

受注から製作、納品までの基本的な業務の進め方を示した「業務処理基準書」、検査手順をまとめた「検査基準書」、不良品が発生した時に社内に報告するための「不良発生報告書」、材料を購入する際の手順を定めた「間材購入基準書」、製品の品質について定めた「品質管理基準」など、今までバラバラだった基準や手順をすべてフォーマット化した。

やってみて都合が悪いところはどんどん手直ししていった。例えば、間材を購入する際の手順を定めた「間材購入基準」では、一度は「5000円以上の間材を購入する場合は社長に申請して決裁をもらう」と決めたが、事務作業が煩雑になったため、途中から1万円以上に変更した。

町工場とはいえ、企業である以上、1つの作業は同じ手順、流れで行い、責任の所在を明確にすべきだというのが私の考え。大手企業にとっては当たり前のことだが、町工場でここまで標準化に力を入れているところはほとんどないだろう。

1年がかりでフォーマットをつくったことで、その後、多くの新人社員が入社してきた時にも「ダイヤ精機のやり方」を効率的に教えることができ、大いに役立った。

こうして「改革」をうたった3年が終わりに近づいた2007年春、協力メーカーの担当者がこう言ってきた。

「最近、ダイヤ精機の社員さんたちは『俺たちは新生ダイヤだから』と楽しそうに話しているね」

社員たちが改革の名の下でダイヤ精機は生まれ変わったと実感してくれている。それは本当にうれしいことだった。これで心置きなく「3年の改革」に終止符を打つことができると思った。

サプライズの社員旅行

2007年の夏、社員たちが少し前から「旅行会」をつくって毎月1000円ずつを積

2007年11月の社員旅行で（前列中央が筆者）

み立てていたことを知った。

「積立金が貯まったから、社長、社員旅行に行きましょうよ」

幹部社員がそう誘ってくれた。思ってもいないサプライズ企画だった。

父が社長だった頃もダイヤ精機は数年に一度、社員旅行をしていた。子供の私は、社員がみんなでワイワイと旅行に行っているのがうらやましかった。

「3年の改革」を無事やり遂げ、ダイヤ精機は深刻な経営難から脱し、存続への基盤を築くことができた。主婦から社長への転身でてんてこ舞いだった私もようやく落ち着いた。社員旅行に行くにはまたとないタイミングだった。

「そうだね。行こう！」

その年の11月、全員で長野の旅館に行った。ゆっくり温泉に浸かった後、浴衣姿で宴会を開き、飲んでしゃべって楽しいひとときを過ごした。

「ダイヤ精機はよくぞここまで変わったもんだよ」

1人の幹部社員が3年の歩みをしみじみと振り返った。

最後に宴会場で集合写真を撮った。

私が前列の真ん中。幹部社員がその両隣。父が社長だった頃と同じ並び順だ。

「俺たち、社長に一生ついていきますよ」

かつて、「てめえ、ばかやろう」「このやろう」とケンカし合った幹部がそう言ってくれた。私にとっては最高の褒め言葉だった。

旅館の部屋に戻った後、枕を抱きしめながら声を殺して泣いた。

「ダイヤ精機の社長になって良かった」

「2代目として生まれて良かった」

夭逝した兄の代わりとして生まれ、男の子のように育てられ、主婦から急遽、2代目社長に就任するという一風変わった人生を歩いてきた私。こんな感覚を味わわせてくれた社員に、こんな人生を贈ってくれた父に、心から感謝したかった。もがき苦しんだ末につかんだ喜びにしみじみと浸った夜だった。

2代目は合理性が頼り

こうして社長就任からの3年を必死で走り抜けた。

講演会などで「3年の改革」の道のりをお話しする機会が増えると、「ビジネススクールに行った経験があるのですか?」「MBA(経営学修士)を取得しているのですか」などとしばしば聞かれるようになった。

答えはどちらも「NO」。

経営学を体系的に学んだことはない。本すら読まない。名だたる経営学者たちの教えを知れば、内容を消化しきれず、経営の軸がブレてしまいそうだからだ。

私が実践してきたのは、「物事には原理に基づいた原則があり、そして基本がある。基本があるからこそ応用ができる」という考え方だ。

起きている問題に対して、「なぜ」を繰り返して原因を突き詰める。紙いっぱいに原因を書き出し、関係するものをつなぎながら、問題の根本をつかみ、原理原則に当てはめて対策を講じていく。

この分析手法は、かつて私の上司が実践していたもの。一緒に仕事をしたことはないが、私はその上司の考え方を参考にさせてもらっている。

私が論理的な思考に基づいて経営の舵《かじ》取りをしているのは、2代目であることと深く関係する。

事業を興す創業者はエネルギーにあふれ、強力なカリスマ性やリーダーシップを備えている。勘やインスピレーションも働き、それが良い結果に結びつくことが多い。「なぜ、その決断を下したか」という理屈は後付けできる。

それに対し、2代目はカリスマ性やリーダーシップで圧倒的に劣る。勘で動く自信がないから、すべての判断や行動の裏付けとして合理性が必要になる。

急遽、社長に就任した際、私は創業者である父とは全く違う方法で経営をしていこうと思った。その1つのやり方として、どんな局面においても理詰めで考え、結論を出すことを意識してきた。

今振り返ると、工学部で学び、エンジニアとして働いたことで、論理的に物事を考え、決断する習慣が自然と身についていたのだろう。

その習慣を経営に当てはめ、「なぜ売り上げが伸びないか」「なぜ利益が出ないのか」と「なぜ」「なぜ」を繰り返し、原理原則に立ち返って判断してきた。

例えば、「どうやって利益を出すか」を考えれば、利益は「売り上げ－費用」だから、売り上げを伸ばすか費用を削減するかしかない。売り上げを増やせないなら費用を減らすしかないし、費用を減らせないなら売り上げを増やすしかない。おのずと、打つべき手が見えてくる。

社長就任直後につらいリストラをやり遂げることができたのも、論理的に判断したからこそ。経営学は身につけていなくても、原理原則を大事にしたから、ブレずに信念を持って決断・実行できたのだと思う。

2 体当たりの「人材育成」

「3年の改革」を終え、自信を深めた2007年、私はダイヤ精機が次に取り組むべきテーマを決めた。「人材の確保と育成」だ。

理由は2つある。

1つは、翌年から景気が下降局面に入ると予測したこと。自動車産業の歴史、ダイヤ精機の歴史をひもとくと、5~6年周期で景気の波が訪れている。それまでの業績から推測すると、2008年頃から景気は悪化すると考えられた。

手作りパンフで人材募集

ダイヤ精機のような中小企業は、景気が良く売り手市場の時に人を採用するのは難しい。

逆に景気が悪く買い手市場の時がチャンスだ。そこで、「来年は人材確保に力を入れよう」と考えた。

もう1つの理由は、ダイヤ精機の超精密加工技術を次代に継承する必要性を強く感じたことだ。

ダイヤ精機が製造するマスターゲージには、高度な職人技が必要だが、ベテラン社員に頼り切りでは、彼らが会社を去った時、技術の空白が生まれてしまう。当時の社員の平均年齢は53歳に達しており、若返りは急務だった。

「人材の確保と育成」というテーマを決めると、すぐにハローワークに求人票を出しに行った。

だが、一向に応募はない。結局、半年ほどの間に応募してきたのはわずか1人。全く人気がなかった。

ダイヤ精機が設計・製造するゲージや治工具は一般消費者の目に触れない。ものづくりを支える重要な製品ではあるが、ほとんどの若者にとってはなじみがなく、入社しようという気持ちを引き出すのは難しかった。

このままでは狙い通りの人材確保ができない。そこで、20〜30代の若手社員を集めてプロジェクトチームをつくった。若者が「ダイヤ精機に応募してみよう」と思うにはどんな工夫をすれば良いか、アイデアを出し合った。

プロジェクトチームで出た意見を反映し、まずダイヤ精機のホームページを手直しし、新たに会社案内のパンフレットを作成した。

ホームページの手直しやパンフレットの作成に当たっては、10〜20代の若者の「親」を意識した。若者が「この会社に応募してみよう」と思った時、最後にその背中を押すのは親だ。親に「この会社なら入社しても大丈夫」と安心してもらい、後押ししてもらうための仕掛けを考えた。

ものづくりを手がける企業のホームページやパンフレットは、製品の写真を数多く掲載し、優れた技術を持つ堅実な会社であることをアピールする内容が多い。

だが、親の目線で気になるのは「どんな仕事をするのか」「どんな製品をつくっているか」よりも、「どんな仲間と働くか」ではないだろうか。

そこで、私たちは社員の仕事風景や私が笑っている写真をたくさん撮り、ホームページやパンフレットにちりばめた。明るさ、親しみやすさ、働きやすさを親にも伝えるためだ。

パンフレットづくりでは、まずたくさんの企業のパンフレットを集め、傾向などを分析した。すると、当時は「環境経営」に注目が集まりだした時期でもあり、表紙はクリーム色や薄いグリーンのものが多かった。しかし、ダイヤ精機では「ものづくり＝かっこいい」というイメージを強く打ち出し、そして何より目立たなければいけないという思いから、表紙は光沢のある黒地にした。

加えて、パンフレットには若者に興味を持ってもらうための工夫を取り入れた。表紙の右下と裏表紙の左下に赤いプリントを印刷。パンフレットを広げると、車のテールランプに見えるようなデザインにしたのである。ダイヤ精機が自動車と関わりの深い企業であることをアピールするのが狙いだ。

印刷所に頼むとお金がかかるので、グラフィックデザインソフトを使って私が自分でつくった。

社風アピール作戦で人気企業に

ハローワーク以外にも若者との接点を増やそうと、２００７年7月、大田区産業振興協会が大田区産業プラザで開催した「モノづくり企業展（若者と中小企業とのマッチングフェア）」に出展した。

ブースの説明員には、ベテラン社員ではなく、訪れた若者が話しかけやすいよう、年の近い20～30代の若手社員を選んだ。

説明員はブースに立ち寄った来場者に、作成したばかりのパンフレットを開きながら、「ほら見て、これ、車のテールランプをイメージしたデザインになっているんだよ」と話しかける。そこから会社や製品の説明をするという流れをつくった。「話せるパンフレット」を最大限に生かした。

ブースには社員と私が並んでガッツポーズをしている写真を展示した。

こういう場に出展する企業は、自社で製造する製品の写真を展示することが多い。だが、技術にさほど詳しくない人は、写真を見ても会社ごとの製品の差や仕事の違いを理解するのは難しい。それならば、いっそアットホームな会社の雰囲気を知ってもらおうと考えた。

ダイヤ精機が展示した社員の集合写真は、50社ほどの出展企業の中でも異色の展示物で、来場者の目を引く効果があった。今では、他の企業も同様の写真を飾るようになっている。

マッチングフェアで若者と新たな接点をつくるのと並行して、求人票を出しているハローワーク向けにも応募が増えるような対策を考えた。

ある日、私はジーンズ、Tシャツ姿で求職中のフリーターに扮装《ふんそう》。大森にあるハローワークに出かけて行った。求職者の目線でダイヤ精機の求人票の改善ポイントを探るためだ。

求人票を出している企業を検索する端末を操作してみたが、一向にダイヤ精機が出てこない。

当時のハローワークの端末は「キーワード」「給料」「地域」といった項目で検索する仕組みになっていた。

それまでダイヤ精機は求人票の生産品目欄に「ゲージ」「治工具」としか記入していなかったため、求職者がこれらのキーワードを打ち込まない限り、出てこなかったのだ。

一般になじみのないゲージや治工具というキーワードで検索する人はほとんどいない。これでは求職者の目に留まらないのも当然だ。

早速、若者が興味を持ちそうな「自動車」という言葉を生産品目欄に加え、「自動車向けゲージ」「自動車向け治工具」と変更した。こうすれば、「自動車」で検索した時にダイヤ精機が引っかかる。

もう1つ、求人票の記載で大きく変更した点がある。募集する人材について、未経験者を可としたのだ。

それまでは即戦力が欲しいという思いから経験者のみを対象としていた。だが、経験者はいざ採用してみると、「今までの経験が生かせない」「前の会社では……」と不満を持ち、長続きしないことが多かった。

ものづくりの世界では、現場によって仕事内容もやり方も全く違う。前にいた会社で経験を積んだベテランでも、ダイヤ精機に来てみたら素人同然ということもある。

「いっそのこと、〝ダイヤ精機製〟の職人をつくろう」

そう考え、あえて未経験者を採用し、ゼロから育て上げることにした。

とはいえ、未経験者がいきなりものづくりの世界に飛び込むのはハードルが高い。そこでハローワークが導入している「トライアル雇用制度」を利用した。求職者を3カ月、お試し期間として雇用し、企業側、求職者側が合意すれば本採用が決まるという仕組みだ。同時期に高校や高等専門学校からインターンシップも受け入れ始めた。毎年夏休みの1カ月間、2~3人を受け入れることにした。

様々な工夫、施策が功を奏し、「若者採用プロジェクト」は大成功。当初、求人に対する応募はほとんどなかったが、2008年には数十人の入社希望者が訪れ、3次面接まで行って絞り込むほどの人気企業となった。

こうして若い人材を積極的に採用する一方、ベテランの力を最大限に生かせる体制も整えた。

私が社長に就任した2004年、それまでの60歳定年を変更し、65歳まで雇用する仕組みをつくった。若手の採用を強化してからは、さらにその年齢を70歳まで延長。給料は65歳になる時にそれまでの80%に減るが、70歳までは同額とした。

定年を70歳としたが、本人が希望する場合は70歳を過ぎても働き続けてもらっている。

ベテラン社員には「会社にいたいだけいていいよ」と伝えている。「午前中だけ」「10～17時」など、その人の体調や希望に応じて働く時間、働き方は自由に決めてもらう。給料も一人ひとりのライフスタイルに合わせて考えている。現在、60歳以上の社員は5人で、全体の7分の1に達している。

こうした多様な働き方を許容できるのは人数が少なく、社長1人の判断で決められる中小企業ならではだろう。若手社員にはベテランから技術だけでなく、会社を愛する精神、仕事に向き合う姿勢など、たくさんのものを学んでほしいと思っている。

「交換日記」で性格を読み解く

「若者採用プロジェクト」の成果で、2007～2008年、ダイヤ精機には5人の新人社員が入社した。

入社前には希望する新人社員の家族を招き、会社の3階を使ってバーベキューパーティーを開いた。工場も見学してもらった。

高校を卒業したばかりの18〜19歳の子供を送り出すのだから、家族は不安に違いない。社員や私と接することで、少しでも安心してもらおうと考えた。

こうして家族との接点をつくっておけば、新入社員が入社後にくじけそうになっても、「もう少し頑張ってみたら?」とアドバイスしてくれるのではないかという期待もあった。

新人社員には、メンターとして身の回りのことや会社での習慣などを何でも聞ける「若手生活相談係」をつけた。

大手企業には一緒に入社する同期社員が数十人いる。悩みを打ち明けたり、わからないことを相談したり、お互い頼り合い、切磋琢磨し合いながら成長していける。

だが、人数が限られる中小企業の場合はそうはいかない。身近にいて何でも話ができる生活相談係は重要な存在だ。

新人社員に対しては入社後、1週間は座学の研修を行い、会社のルール、社会人としての常識などを教え込む。その後、3カ月間かけて、旋盤、フライス、研磨機、切削機など工場内に十数種類ある機械の使い方を一つひとつ指導する。

早い時期に様々な機械に触れる機会を設けるのは、人によって作業の適性や機械との相性が異なるからだ。

創造力豊かなタイプは大きな材料から形を整えていく切削を好む。緻密なタイプは細心の注意を払って磨き上げる研磨が向く。

入社間もない時期に、自分が「向いていない」と感じる仕事を続けると、閉塞感を味わうことになりかねない。3カ月で一通りの機械を使ってもらい、仕事への関心や意欲を引き出した後で、本人の希望や適性を見て、実際に担当する機械を決める。

過去の中途採用の経験などから、会社に入ったばかりの社員には「辞めたい」と感じる「危険なタイミング」があることがわかっていた。

危険なのは入社1カ月後、3カ月後、半年後、1年後という節目。多くの新人社員を採用するようになったダイヤ精機は、それぞれの節目に生じる不安や不満をその都度解消し、次のステップに進めるような人材育成プログラムを用意した。

その中で、入社したばかりの新人向けに行っているのが、私との「交換日記」だ。交換日記は座学の研修を終え、機械を使い始めてから1カ月間、毎日つける。

この交換日記のアイデアは、私自身が会社勤めをしていた当時の経験が基になっている。

入社したばかりの新人社員は誰でも不安でたまらないものだ。仕事はなかなか覚えられないし、機械もうまく操作できない。周りの先輩がとてつもなく優秀に見え、自分の至らなさに自信喪失してしまうこともある。

私が新人社員だった時もそうだった。その時、助けになったのが毎日つけていた業務日誌。日誌にはその日に担当した業務、作業内容、その中で学んだこと、覚えたことなどを書き、先輩にチェックしてもらう。

不安と戸惑いだらけの中で、紙に書くという行為によって情報が整理され、知識が体系的に頭に入る感覚があった。書いたことに対して、メンター役の先輩からコメントが返ってくると、「見守ってくれている」という安心感を得ることもできた。

日誌は新人を襲う漠然とした不安の解消に間違いなく効果がある。そう考えて、新人社員の採用を開始した2007年からダイヤ精機でも導入することにした。ただ、業務日誌と名付けると堅苦しく、形式張ってしまう。あえて交換日記と呼び、気楽に書いてもらうことにした。

使うのは普通の大学ノート。何も書いていないまっさらな状態で渡す。書き方のスタイル、フォーマットなどは全く問わない。何を、どのように書くかは本人の自由だ。
私との交換日記のやり取りは若手生活相談係が管理する。新人社員の書き込みを若手生活相談係と私とで回覧し、疑問に対する回答や悩みへのアドバイスを書き込んでいく。始めてみたところ、これが実に面白い。交換日記に書く内容、字、書き方などが人によって全く違い、個性がはっきり出るのだ。

午前中にやった業務、午後にやった業務を時間ごとにきっちり分けて書く子もいれば、図を加えて作業の内容をひたすら描写する子もいる。小さな字でノート一面にぎっしり書く子、さらさらと書き殴ってくる子、空きスペースにイラストを入れたり、顔文字で表現する子……。実に様々だ。

1冊1冊のノートをチェックし、コメントを返しているうちに、新人社員の性格や気質が浮かび上がってくる。

「自信家で何でもできると思い込む性格のようだから、慣れない機械を使ってケガをさせないように気をつけないと」

「頑張り屋で負荷をかけると伸びそうなタイプ」

「ポイントをバランスよく抽出できる能力を持っていてリーダー向き」

こういうことがわかると、適材適所を実現しやすくなる。

経営資源の限られた中小企業で、社員に新たな能力を身につけさせることは容易ではない。もともと持っている能力、資質を引き出し、伸ばせるポジションに据えるようにした方が効果的だ。交換日記はそれを助けるツールになり得る。

新人社員にとっても得るものは多い。

日記を交わし始めて1カ月が過ぎた頃、「自分は成長したのかな」と読み返すと、「最初はこんなこともわからなかったのか」「こんなところでつまずいていた」と思い出し、成長を確認できる。

生活相談係の先輩や私から「こういうことを調べておくといいですよ」「これは注意しましょう」とアドバイスされた点をまとめれば、日記は「自分だけの辞書」になり、その後、仕事がぐんとやりやすくなる。

ＱＣ発表会で自信をつけさせる

入社直後の漠然とした不安感を解消し、３カ月ほど経つと、新人社員にも将来を考える余裕が出てくる。「この会社で自分はどう成長していけるのだろう」と思い始めるのだ。

ダイヤ精機がこの時期に十数種類もある機械を一通り担当させるのは、「あの製品をつくれるようになりたい」「あの人のようになりたい」「この機械を使えるようになりたい」という目標を持ち、将来像を描けるようにするためだ。

もう１つ、目標設定や将来像の確認に活用しているのが、目標管理のための「チャレンジシート」。

チャレンジシートは私が全社員との間で1年に2回行う人事評価面談に向けて提出してもらうものだ。事前に「業務内容」「今、取得している技術」「取り組んだ業務」「次の半期に取り組みたい業務」を記入してもらい、所属長の意見と評価を加える。

面談の際には、このシートを一緒に見ながら、今の課題、次に習得すべき技術、目指すべき方向などを話し合い、将来に向けた意識づけを行っている。

入社から半年ほど経つと、今度は周囲の目が気になり始める。「自分は評価されているのか」「この会社に必要な存在なのか」と思うようになるのだ。

そこで、ダイヤ精機はこの時期に「QC発表会」を開き、新人社員にも発表の機会を与えている。

私が社長に就任し、最初に手がけた「3年の改革」では、職場単位や年代ごとのチームで改善提案を出し、実行するという取り組みを行った。その取り組みは今も継続している。

ここで出てきた提案の中で、コストダウンにつながるものを選び、全社員の前で発表するのがQC発表会。この発表会を人材育成の場としても活用しているのだ。新人社員に成功事例をどんどん発表させ、「周りの社員から評価してもらっている」「必要とされている」という自信がつくように仕向けていく。

例えば、2007年に入社した新人社員がQC発表会で披露した提案に、こんなものがあった。

ある取引先からカーブ曲面を持つ部品の注文を受けていた。当時はマシニングセンターを保有していなかったため、フライス盤で加工していたが、カーブ曲面を決まった形状に切削するのは難度が高い。そこで従来は大きな円形の材料を買ってきて、その弧の部分を生かし、注文通りの部品を作っていた。

だが、このやり方だと、円形材料の中心部など、使わずにムダになってしまう部分が多く、コストが高くなる。

そこで、その新人社員は工程を工夫し、旋盤を使って直方体の材料からカーブ曲面のある部品を切り出す方法を考えついた。そして、直方体の材料をはめ込み、セットするだけで同時に4個を加工できる治工具まで製作した。これによって、材料費や加工費は従来の3分の1ほどに削減できた。

日頃、一緒に仕事をしている社員だけでなく、全員の前で新しい生産方法を発表し、ベテランから「お前、すごいな」と褒めてもらえると、「役に立った」「認めてもらえた」という大きな自信につながる。他の若手社員への刺激も大きい。同じ時期に入社した仲間が大きな成果を上げているとなれば、「負けていられない」という気持ちが湧く。「自分も会社に貢献できる改善アイデアを出そう」と考えながら日々の仕事に取り組むようになる。

向こう傷は問わない

こうして会社としての仕組みを整える一方で、私から新人社員には2つのことを指導している。

1つは、「失敗を恐れず、新しいことに挑戦しなさい」ということ。

QC発表会で発表できるような改善案を見つけ、実行に移すまでには当然、試行錯誤があり、多くの失敗を積み重ねることになる。

だが、ダイヤ精機では失敗したことを問題視することは一切ない。むしろ、新人社員には失敗を奨励している。

もちろん、取引先に不良品を出すことは絶対にしてはいけない。同じ失敗を繰り返すのも良くない。

だが、失敗から学ぶことは非常に多い。チャレンジして失敗すること、不良を出すことは大いに結構と考えている。

逆に、私は新人のミスが少ない場合は、「なぜこんなにミスが少ないの?」と追及する。確実にできることにしか手を出さず、難しい加工に挑戦しようとしていないと受け止めるからだ。

失敗したら材料がムダになり、ロス率が上がるが、それは構わない。新人社員にも、常に本物の材料で本物の製品に挑戦させる。すぐには売り上げにつながらないものでも、就業時間内にどんどん挑戦してつくってみていい。

結果的に新人社員が失敗し、不良を出しても、それは本人の責任ではなく、指導する側の問題という認識を社内で共有している。

そうした中で自由に、大胆にものづくりに取り組むことで、技術やノウハウが養われると考えている。

もう1つ、私が指導しているのは「これだけは絶対に誰にも負けないというものを持ちなさい」ということだ。どんな分野でもいい。1つでも「誰にも負けない」と思えるものがあれば、自分に自信が持てる。

2007年に入社した女性の新入社員は、私の指導を受けて「製品番号の刻印で一番に

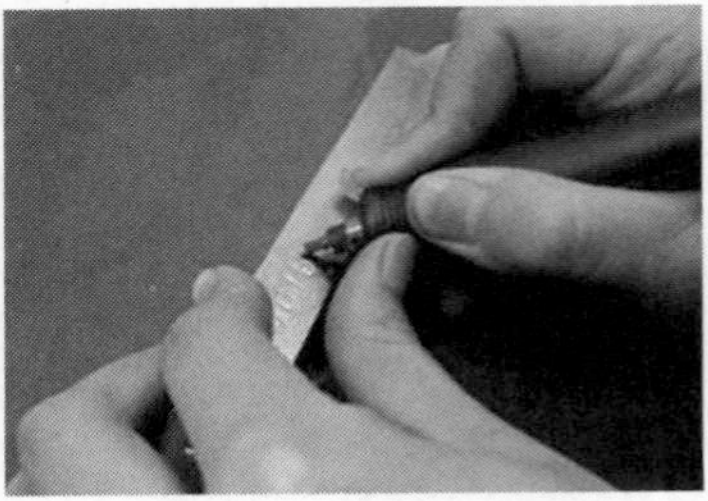

ある年の新入社員は「製品番号の刻印で一番になる」と決め、練習を続けた

なる」と宣言した。

ダイヤ精機の製品には、取引先の指示ですべて製品番号をつけている。鉄製の製品に彫刻刀のような工具を使って数字やアルファベットを刻み込む。狭いスペースに小さな字を刻むことも多く、うまくできないとミミズの這《は》ったような字になってしまうこともある。上手に彫るのは意外に難しい。

「製品番号の刻印で一番になる」と決めた社員は来る日も来る日も休み時間に刻印の練習をしていた。小さな数字やアルファベットで鉄の直方体の面がいっぱいになると、表面を削ってまた彫る。これを繰り返すうち、本当に誰よりもきれいに製品番号を刻めるようになった。

すると、ベテラン社員たちが彼女を頼りだした。「高価な材料を使っている」「刻印のスペースが狭い」など、「失敗できない」「難しい」と思った時に、自分の代わりに彼女を呼んで刻印してもらうようになったのである。

技能検定を目標の1つに

もっと身近なことで「誰にも負けない」を実現したケースもある。

「毎朝、早く出社して工場前をそうじする」「通りかかった小学生に必ず挨拶する」と決めた社員がいる。実践すると、いずれも近隣の人たちから「助かる」「ありがたい」という声が聞こえてきた。私はその社員を「毎日、頑張ってるんだってね。おかげで会社の評判が上がったよ。ありがとう！」と思い切り褒めた。

「誰にも負けない」ものをつくり、それを継続すると、必ず誰かがそれを認め、評価してくれる。評価してもらい、頼られると自信になり、さらなる成長意欲をかき立てられる。

「人ができないことをやり続けることが強みになる」と理解し、やがては技術で「誰にも負けない」ものを実現しようと心がけるようになる。技術で「オンリーワン」の存在になっていくのだ。

製造業には「技能検定」という検定がある。自動車免許と同じように学科と実技で合否を判断する。機械加工の職種では「普通旋盤作業」「平面研削盤作業」「マシニングセンタ作業」などの作業別に「1級」から「3級」までの等級がある。ダイヤ精機の社員には、この技能検定の取得を奨励している。

実は、技能検定は小規模企業には受検しづらい側面がある。

第1に、受検に多大なコストがかかる。1つの検定を受けるために、60万円以上する工具を用意しなくてはならないこともある。練習材料を用意したり、学科や実技を学んだりするために講師を呼ぶことなども加えると、100万円ぐらいの出費を覚悟しなくてはならない。資金力の乏しい中小企業にとっては重い負担だ。

第2に、国家検定であるにもかかわらず、検定会場が見つからないことがあった。会場は大手企業の工場になる場合が多く、その企業の社員で定員がいっぱいになり、申し込みに行っても受け付けてもらえないのだ。

これでは中小企業の職人は何年勉強しても検定を受けることすらできない。「これはおかしい」といくつかの自治体に直訴し、特別に神奈川県で検定を受けられるように手配してもらったこともある。

これだけの手間やコストをかけて、若手社員の技能検定受検を支援するのは、「やりがい」を求める若者には目標が必要と考えるからだ。技能検定という客観的でわかりやすい目標を達成できると、自分の成長を実感できる。

ハシゴを外して自立を促す

こうして入社から3年ほどは手間をかけ、丁寧に人材を育てていく。そして、十分な経験を積んだら、自立を促すためにあえて「ハシゴを外す」ことを意識している。

どういうことかというと、特定の製品の製造や機械の使用を1人に任せてしまうのだ。フォローできる社員は誰もいない、否応なく、自分でやるしかない状況に置かれることになる。

任され、頼られれば、人間はもっと頑張ろうと思う。追い込まれれば何とかしようと思う。そこで大変な思いをすることが、もう1段のレベルアップにつながる。

例えば、現在、超高精度の自動車部品用マスターゲージをつくれるのは、研磨のスペシャリストである1人の社員だけ。

「スペシャリスト」と聞いて多くの人がイメージするのは、長い経験を積んだ高齢の職人だろう。だが、実際には入社13年目、37歳の社員が担当している。

彼は大学卒業後フリーターをしていたが、「このままではまずい」と一念発起し、技術専門校で旋盤の扱い方を1年間学んで、ダイヤ精機に入社してきた。

ボール盤、円筒研削盤などの機械を担当し、作業をしながら先輩たちに教わり、実践で技を磨いていくうちに、みるみる力をつけていった。そこである時、ハシゴを外し、マスターゲージの製作を全面的に任せてしまった。

マスターゲージのような加工が難しい製品は通常、製作に4週間ほどかかる。研削の技に秀でたその社員も、最初のうちは、どんなに頑張っても1カ月に2点をつくるのが精一杯だった。それが今では月間4~8点をつくれるようになっている。若いだけに伸びしろが大きく、どんどん成長していくのだ。

ダイヤ精機を訪れる取引先の方たちは、超精密加工を担う社員が若いことに一様に驚く。

60歳過ぎのベテランに混じって、20代、30代の社員も最前線で活躍しているからだ。

「1人の社員にしかつくれないものがあるなんて、リスクが大きすぎるのでは」

そう指摘されることもある。当然ながら、リスクは大きい。もし、その社員が辞めてしまったら、主要製品の1つがつくれなくなる。

だが、逆に社長である私がそこまで腹をくくると、「自分がいなくなったら会社が困る」と責任を感じて辞めようとも思わなくなる。私がいかにその社員を信頼しているかの証でもあるから、関係はより強固になる。それぐらいのリスクを負わなければ、深い信頼関係は築けないと思っている。

「そうは言っても、何があるかはわからない。万一、辞めたらどうするのか」と言う人もいるかもしれない。

その時はその時。技術の幹がしっかりしていれば、たとえ枝葉が折れても、いずれ新しい芽が伸びてくる。そう信じている。

ベテランを口説いて技術を継承

新人社員との交換日記、チャレンジシート、QC発表会といった育成プログラムは、大企業のやり方をアレンジして私が独自につくり上げたもの。コンサルティング会社や人材マネジメント会社には一切頼っていない。経営学の本も読んでいない。

ただ、「人間の普遍的な真理」や「人間の心がどう動くか」を知るために哲学や心理学の本は少し読んで参考にした。

ものづくりの業界には珍しく未経験者の採用を進めたこともあって、当初は「すぐ辞めてしまうかもしれない」と不安だった。

「会社は楽しい?」

「仕事を続けていけそう?」

「辞めたいと思ってない?」

折に触れ、何度も尋ねていたら、社員に笑いながら「辞めてほしいんですか?」と言われたこともある。

「いやいや、もちろん、そんなことないけど、心配になって」と言うと、「あの機械を使いこなしている職人さんはもう60歳を過ぎています。早く僕が技術を学ばなくてはいけないと思っています」と返ってきてびっくりした。社長の私よりも会社の将来を考えてくれている。

ものづくりに関わる企業にとって、技術の継承は共通の悩みだ。50代、60代のベテラン社員と10～30代の若手社員との間には親子ほど、時にはそれ以上に年齢差がある。育った環境も時代も違う中で、コミュニケーションを密に取りながらベテランの技を次代に受け継がせることは簡単ではない。

ベテラン社員は「自分たちは技術を盗んで覚えた」と主張する。若手は「ベテラン社員はちっとも教えてくれない」と不満を漏らす。

ベテランは「わからないなら聞きに来ればいい」と思うが、若手は「質問すると怒られそう」「何を質問すればいいかがわからない」と感じる。

立場は相容れず、平行線のまま。肝心の技術の継承は進まない。これが多くの企業の実情だろう。

この点に関して、私はとにかくベテラン社員を説得し、「チャレンジシート」で若手が掲げた目標を達成できる手伝いをしてくれるよう頼み続けた。

「今の若い子は昔とは違う」

「過保護に育っているから、自分からは行動しようとしない」

「ベテランから教えてあげないと覚えられない」

いろいろな言葉を使って、繰り返し繰り返しお願いした。

しまいには、ベテラン社員の口から「今の子は教えないとダメなんだよな」という言葉が出るまでに〝啓蒙〟した。

工場の2階をバレエ教室に

2007年以降、合計で20人以上の新人社員を採用してきた。幸い、定着率は非常に高い。もちろん、トライアル期間で「合わない」と感じて辞めていく人もいる。だが、正社員になってから辞めるケースはほとんどない。

このところ、アベノミクスによる円安・株高や、東京オリンピックに向けた特需などで景気が上向き、人手不足に悩む中小企業が増えていると聞く。ありがたいことに、ダイヤ精機はその苦労を味わうことなく今に至っている。売り手市場になる前に人材の確保・育成に動き出したことが幸いした。

2007年以降に採用した若手社員は今や、新人を上手に指導してくれる頼れる先輩に成長している。人材育成の歯車がうまく回り始めた。

2008年から景気は下降局面に入ると見て、2007年から人材確保に乗り出したわけだが、私の予想は2008年9月に起きた「リーマンショック」という形で不幸にも的中してしまった。

深刻な景気後退が日本だけでなく世界を襲った。

リーマンショック後、しばらくは業績に変化は表れなかったが、2009年1月、急激に8割、取引先によっては9割も注文が減ってしまった。当然、単月の損益は私が社長に就任してから初めて赤字に陥った。

だが、私は意外に落ち着いていた。製造業はどうしても景気の波に翻弄される。私が2代目に就いて以降、たまたま好調が続いていたが、必ず浮き沈みはあると、リーマンショックの前から覚悟していた。

赤字は1年続いた。少しでも損失を減らそうと、私の給料を手取り2万円に減らした。「雇用調整助成金」取得の申請をした。

社員は出社しても仕事がない。時間を持て余していた。

せっかくだから、整理・整頓でもしようと、矢口工場2階の倉庫に社員を集め、不用品を処分した。壁が汚かったので、みんなでローラーを使ってペンキを塗った。

私も一緒に塗っていたが、すぐに腕が痛くなって音を上げた。

「もうやめる。飽きちゃった。手も痛いし」

「社長は全くしようがないなあ」

工場で働くベテラン社員は手先が器用だから実に丁寧に仕上げていく。

「さすが、職人さんは上手ね。この仕事に転職した方がいいんじゃない?」

そんな冗談を交わしながら、きれいに塗られていく壁を見ているうちに私の頭にひらめくものがあった。

「このスペースはレンタルスタジオとして使える！」

私は趣味でバレエを習っている。東京都内は稽古場の家賃が高く、バレエの先生が教室を開く際のネックになっていると聞いたことがあった。

壁を塗り直した矢口工場の2階は33坪の広さがある。床を張り替え、鏡をつければ立派なバレエスタジオになるはずだ。少し安めの賃料で貸し出せば、この地域で教室を開きたいと考えているバレエの先生の役に立てる。地域貢献にもつながる。

早速、専門の業者を呼んで、バレエの練習にも使えるリノリウムを敷いた床に直し、鏡を張った。

「スタジオダイヤ」と名付け、1時間2000円でレンタルを始めた。すると、広告も出さないうちに口コミで次々と利用希望者が現れた。ただの倉庫だった矢口工場の2階は、今や月に20万～30万円を売り上げる収益源となっている。

苦しい時に社員と一緒に壁を塗り替えたのも、今となってはいい思い出だ。

仕事がないならフットサルを

2009年の半ばになっても、業績好転の兆しは一向に見えなかった。社内では常に「来月は良くなるだろう」「月が変われば持ち直すはずだ」という期待の声が上がったが、需要は全く回復しない。

2008年7月期に3億4000万円だった売上高は、2009年7月期には1億7000万円に半減してしまった。

2007年以降に入社してきた若手社員たちにも仕事がない。何か、今しかできないことはないか。仕事がある時には、できないこと……。

そこで、ひねり出したのが「コミュニケーション能力の強化」だった。この機をとらえて、さらなる社内融和を図ろうと思ったのだ。

世代や職種を超えてコミュニケーションを盛り上げるにはスポーツがいい。若手社員の中にはフットサルを趣味にしている者が何人かいた。ボール1つで簡単にできる。これを

「コミュニケーション能力強化」を掲げ、
フットサルチームをつくった

やってみることに決めた。

早速、社内にフットサルチームをつくり、就業時間後や土曜日、矢口工場のスタジオや外のコートで一緒に汗を流した。

お揃いのTシャツを作り、胸に「2009」とロゴを入れた。「苦しい思いをした2009年のことを忘れない」という意味だ。

取引先との対抗戦も企画した。試合の途中、選手交代で私も入れてもらった。ボールを取り合い、激しく選手がもみ合う中、たまたま私のところにボールが転がってきた。それを見て、取引先の係長がチームメートに声をかけた。

「おーい、お前ら、空気読めよ！」

その途端、相手チームは全員、ぴたりと動きを止めた。

ボールを持った私はそのままドリブルしてシュート。ゴールを決めた。双方、大爆笑に包まれたシーンだった。

こうして仕事以外の場で交流を深めたことで、社員との距離がより一層縮まったと思う。ほかにやることがない時だったからこそ、思いつき、実行できたことだ。

フットサルチームの結成にも当初は反対意見があった。

ダイヤ精機には60代以上の社員もいる。「ケガをしたらどうするんですか」と心配する声が上がったのだ。

私の答えはこうだった。

「大丈夫。ケガをしたら休んでいいよ。どうせ仕事はないから」

社員からは「こんな時によくそこまでポジティブになれますね」とあきれられた。

実際、その時の私は前向きなことしか考えていなかった。「この苦しい状況がずっと続くことは決してない。今はピンチだけど、2～3年後に振り返ったら、『あの時は苦しかったね』と笑って言える」と信じていた。

苦しい時、社長が「まずい、どうしよう」という顔をしていたら、社員は不安になる。社長が落ち込んでしまったら、社員はもっと落ち込む。「大丈夫。2〜3年後には笑える思い出になるから」と言っていれば、「ああ、そうか」と安心できる。

社員の前だからカラ元気を出していたというわけではない。自分でも本当に「何とかなる」と思っていた。

自分の給料を2万円に下げ、貯金を削りながら生活しても、仕事に対する意欲や社員への思いが萎えることはなかった。

「こんなに情熱を持ち続けられる仕事に出合えたなんて、本当に幸せだ」

心からそう思った。

「全員リストラ」を覚悟

だが、容赦なく赤字は続いた。預貯金など流動資産を取り崩してしのいでいたが、20

09年10月には、あと3カ月赤字が続くと、資金が底をつくという状態になってしまった。

何か手を打たねばならない。

再びリストラをするとしたら、誰に辞めてもらうべきか。

ベテラン社員をリストラすれば技術が途絶える。採用したばかりの若手社員をリストラすれば未来が潰える。どちらも選べなかった。

その時、私が出した結論は「全員リストラ」だった。

一度、社員全員をダイヤ精機から自由にする。当面、無給でもダイヤ精機で働きたい、転職活動はしないという人だけを残して再出発を図ろうと考えた。

取引先には多大な迷惑をかけてしまう。誰が会社を去るかによっては、今まで納入していた製品がつくれなくなったり、納期に間に合わなくなったりする可能性がある。

そこで、全員リストラを前に、最も受注額の多い取引先に1人で事情を説明しに行った。

「リーマンショック後の需要激減で事業継続が困難になってしまいました。3カ月後に社員全員のリストラを考えています。ご迷惑をおかけすると思います。申し訳ございません」

すると、先方は意外な提案をしてきた。

「実は今、うちの工場は人が足りないのです。ダイヤ精機から応援の人材を何人か出してもらえませんか?」

自動車メーカーの生産現場が人手不足になっているとは思いもしなかった。とてもありがたい話だった。

だが同時に、つらい決断でもあった。私自身、ダイヤ精機の看板を背負って大手部品メーカーに入社し、苦しい思いを経験した。応援という形で他社に出向く社員たちの気持ちを考えるといたたまれなかった。だが、全員リストラを回避するには、それしかない。

製造部門から9人の社員を選び、話をした。誰一人、辞めることなく、「わかりました」と言って、2009年11月から取引先の横浜工場で清掃、検査、型の保全などの仕事を受け持ってくれた。

9人分の人件費は取引先から払われる。赤字を埋めることはできなかったが、損失の額はかなり減った。正直、とても助かった。取引先に迷惑をかけまいと、勇気を出して謝罪に行ったことが幸いした。

〝応援部隊〟で急成長

取引先の工場への人材協力は予想外の副次効果も生んだ。ダイヤ精機から送り込んだ応援部隊の中に、著しい成長を見せた若手社員がいたのである。

その若手社員は高校卒業後にダイヤ精機に入社してきた。まじめで一生懸命、仕事を覚えようとするのだが、なかなか実力がつかない。本社工場で研磨の作業を担当させていたが、うまくできないことが多く、ベテラン社員から怒られっぱなしだった。

「そのうち力がつくよ」「必ずできるようになるから」と励ましながら見守ってきたが、〝落ちこぼれ〟寸前だった。

しかし、本人はどんなに怒られても失敗しても、決して腐らない。やる気と根性は人一倍あった。

「いっそ、環境を大きく変えたら結果が出るかもしれない」と思い、取引先への応援部隊の1人に加えた。

とはいえ、その社員からすれば、社内で怒られ続けた揚げ句に応援に出されるとなれば、「見捨てられた」と感じてしまいかねない。それだけは避けなければならなかった。

「あなたのことは一番心配しているのよ」

「新しい環境で成長してもらいたいと思っているの」

「頑張ってね。本当に頑張ってね」

何度もそう伝えて送り出した。

取引先では指導役の社員も変わり、使う機械も変わった。作業もダイヤ精機では研磨中心だったが、切削に変わった。何より、大きな工場の中で同年代の仲間が増えた。

様々な条件がかみ合ったのだろう。みるみる実力がつき、驚くほどの成長を遂げた。

その後、取引先に送り出した応援部隊は思わぬ形でダイヤ精機を支えている。

2012年になって、取引先が工場内に金型製作の作業所を開設することを決め、コンペを実施した。数社が競合する中でダイヤ精機が契約を勝ち取り、2012年2月、横浜作業所を立ち上げることになった。現在もリーマンショック後に応援に送り込んだ社員を含む6人が、この横浜作業所で働いている。

〝落ちこぼれ〟寸前から成長を遂げた若手社員は、今ではNC旋盤4台を使いこなし、金型部品製作の主力メンバーの1人となっている。

同じ人材でも、働く場所によってパフォーマンスは変わる。社員の持っている能力を引き出し、伸ばすには仕事の内容、指導役、使う機械との相性などが大きく影響する。適材適所がいかに重要かを改めて実感した。

そしてもう1つ、この出来事からわかったことがある。良い仕事をするには、素直さ、コミュニケーション能力、向上心などの「ヒューマンスキル」こそが大切だということだ。

ある年の採用で試験的にサービス業経験者ばかりを3人採ったことがある。それぞれファストフード、衣料・雑貨店、ホームセンターの販売員だったという人たちだ。

前職はものづくりとは縁遠いが、サービス業ではいろいろなタイプの顧客と接するから、総じてコミュニケーションなどのヒューマンスキルが高い。適性があるのではないかと考えた。

予想通り、入社後、短期間で周囲に溶け込み、知識、技術を吸収していった。極めて成長が速い。

彼らに共通するのは、やはり人付き合いのうまさだ。挨拶、返事がきちんとできる。一見、ぶっきらぼうなベテラン社員とも臆することなく話ができる。わからないことがあったら、恥ずかしがらずに「わかりません。教えてください」と言える。こうしたことが大きな強みになっている。

3 明日のための「フロンティア開拓」

リーマンショック後、苦境に陥ったダイヤ精機。

2009年11月、取引先に社員9人を応援部隊として送り込み、1月から続いていた毎月の赤字を大きく減らすことができた。だが、このまま売り上げが回復しなければ、いずれ預貯金は底をつく。

そんな時、再び〝神風〟が吹いた。

ゲージの注文が次々に舞い込んだのである。

リーマンショック後、日本経済は急激な円高に見舞われた。1ドル＝104円台で推移していた円相場は3カ月後、90円を割り込むまでに上昇。以後、価格競争力を失った日本企業は海外市場での苦戦が目立つようになる。

2009年に入っても円高傾向は変わらない。手をこまねいているわけにはいかず、自動車メーカーをはじめとする輸出企業は海外生産に舵を切った。

ゲージの受注拡大で危機脱出

ダイヤ精機はその波に乗ることができた。海外生産用のゲージの受注が急激に伸びたのである。

ゲージは機械で自動生産する製品と違い、熟練工が1ミクロン単位で磨き上げる超精密製品。組み立て工場を日本から海外に移転したメーカーも、高い技術力の必要なゲージを移転先で調達することはできなかった。

ダイヤ精機はそれまで、ゲージの売り上げを全体の2割以内にとどめるように注意してきた。部品の大量生産を保証するゲージは、万一、不良品を出してしまった時の損失リスクが大きいからだ。

だが、海外企業に真似のできない加工技術であれば、有効活用しない手はない。次々に舞い込む注文に応えるため、数百万円を投じて生産設備を増設し、一気にゲージ事業の拡大を図った。

「仕事がない」状態は一変。製造現場は大忙しとなった。売り上げは順調に回復し、単月赤字に転落してからちょうど1年後の2010年1月、ようやく黒字に戻すことができた。

苦しみ抜いた2010年7月期だったが、終わってみれば売上高は1億9600万円。前年度から15％上積みすることができた。

2004年、2代目社長に就任し、経営方針を策定する段階では、リスクの高いゲージから撤退する選択肢もあった。だが、ものづくりを支える技術に誇りを持っていた父の遺志を汲《く》み、創業事業を残す決断をした。それが結果的に吉と出た。

今、ゲージ事業は売上高全体の6割を占めるまでに成長している。

私は「絶体絶命の危機」に直面した時、常に運が味方してくれる。

社長就任直後、一刻も早く経営悪化を食い止めなくてはならない時も、自動車メーカーの生産拡大の波に乗り、需要が急激に膨らんだ。きっと、苦闘する私を見て、天国の父が運をプレゼントしてくれているのだろう。

「諏訪」を名乗る決断

リーマンショック後の経営危機を乗り越えた2010年5月、私は1つの決断を下した。それまで、本名の「有石貴子」として社長を務めていたが、ビジネスネームとして旧姓の「諏訪貴子」を名乗ることにしたのである。

私の2代目就任を見届けることなく逝った父だが、恐らく、社長に就任する時には、旧姓の「諏訪」を名乗ってほしいと思ったに違いない。

なぜなら、過去に2度、ダイヤ精機に入社した際、既に結婚して「有石」になっていたにもかかわらず、父が私に用意した名刺には「諏訪貴子」と書かれていたからだ。

息子を亡くした父には娘しかおらず、家族に「諏訪」を継ぐ人間はいない。せめてビジネスネームだけでも「諏訪」を使ってほしいと願ったのだろう。その気持ちは痛いほどわかっていた。

だが、私が社長に就任する時点では、「諏訪」を名乗る気持ちにはなれなかった。私は経営の経験など何もない32歳の主婦。社長になるのは一か八かの賭けのようなものだ。もしかしたら、うまくいかずに会社をつぶしてしまう可能性もあった。「諏訪貴子」として ダイヤ精機の社長に就任し、会社をダメにしてしまったら、「諏訪」の名に傷をつけてしまう。そう思うと、とても旧姓は名乗れなかった。

だが、それから6年。良い時も悪い時もあったが、最大の危機であったリーマンショックを乗り切った。父の7回忌も無事終えた。そろそろ、2代目の「諏訪」を名乗ってもいいのではないかと思い始めた。

背中を押してくれたのは姓名判断だ。字画を調べてみると、「有石貴子」は「行き詰まる」、「諏訪貴子」は「大成する」だった。もちろん、まだまだ行き詰まっている場合ではない。

考えてみれば、親は子供に名前をつける時、名字を含めた字画を参考にすることが多い。だが、結婚して名字が変われば字画も全く変わってしまう。結婚前の方が運勢の良い字画になるのはある意味、当然のことだ。

すぐに旧姓の名刺を発注し、ビジネスネームとして使い始めた。

気分的なものが大きいのだろうが、それ以来、運気が向上し、会社の事業も勢いが増したように感じる。

この件には後日談がある。大田区内で思いがけない噂が駆け巡ったのだ。

「ダイヤ精機の社長が離婚したらしい」――。

心配して電話をかけてきたり、メールを送ってきてくれたりする知人がいた。

確かに、一般的に女性が旧姓に戻したとなれば、まず離婚を思い浮かべるだろう。その都度、事情を説明し、理解してもらったが、反響の大きさに驚いた。

「諏訪」を背負った再スタート。

うれしい出来事があった。

2010年12月、大田区産業振興協会が「人に優しい、まちに優しい、技術・技能及び経営に優れた工場」に対して認定する「大田区『優工場』」に選ばれたのである。技能・技術の継承を目的に人材育成に取り組んだことが評価され、「人に優しい部門」では部門賞も受賞した。

「ものづくり大田区を代表する企業となることを目指す」という経営理念を体現する出来

事であり、理想実現の第一歩となった。

空洞化対策を首相に直訴

2011年3月11日、東日本大震災が発生した。取引先メーカーの中にも甚大な被害を受け、国内生産が滞る工場が出た。だが、ダイヤ精機では引き続きメキシコや中国向けの製品が堅調で、業績に陰りが生じることはなかった。

リーマンショック後から続く円高を背景に、製造業の海外への生産移転の動きは衰えることなく続いていた。国内での生産に見切りをつけ、リスク回避のために海外に出て行く動きは加速するばかりだった。「空洞化」を身をもって実感した。

震災から半年が過ぎた2011年9月。当時の野田佳彦首相がダイヤ精機を視察に訪れた。目的は円高に苦しむ中小企業の状況を見ること。その時も、ダイヤ精機は海外向けのゲージ生産で活況だった。

野田首相に直訴した。

「今、うちの会社が海外向けのゲージでこんなに忙しいのは、産業の空洞化が懸念ではなく、もはや現実になっていることの表れです。今すぐ、対策を講じていただかなくては大変なことになってしまいます」

野田首相は神妙に話を聞いてくれた。

国の対策を待っているだけでなく、ダイヤ精機自身も行く末を考える必要があった。今は日本の技術の方が優《まさ》っている分野でも、アジアの国々が激しく追い上げてくるに違いない。海外で生産する取引先が、もし現地メーカーとの取引を増やせば、ダイヤ精機の仕事は減ってしまう。

中小企業もグローバル化を真剣に考えるべきではないか——。

これを機に、海外を視察することにした。2011年にはタイの中小企業向け賃貸集合工場「オオタ・テクノ・パーク」を、2012年にはタイにある日産自動車の工場を見に行った。2012年9月には中国で開催された機械技術の展示会に出展。ニーズを調査した。

だが、現地で冷静に状況を見てみると、今、海外に進出しているのは大量生産によるものづくりを手がけている企業ばかり。多品種少量生産が得意のダイヤ精機の場合、どんなに土地代や人件費が安くても、海外で生産するメリットはあまりない。

超精密加工の事業は「人づくり」がカギとなる。足がかりのない海外で、それを実現できるかどうかも不透明だった。

何より、ごく短期間だが現地に身を置き、現地の人と接してみて、私自身に国民性や文化の壁を越え、他の企業と渡り合っていくだけの力量が不足していると痛感した。

改めて、「ダイヤ精機は海外進出すべきなのか」と問い直した。

日本の製造業が次々と海外に生産拠点を移し、空洞化がさらに進行した時、国内ではダイヤ精機のような町工場の経営は全く成り立たなくなってしまうのだろうか。

そうは思えなかった。3億〜4億円の売り上げを稼ぐ程度なら、日本でも仕事は見つけられるはずだ。

社長になって以来、私はダイヤ精機の経営基盤を固め、人材を確保・育成することに力を注いできた。その結果、経営体質は強固になり、精密なものづくりを継承する若手も育ってきている。収益低迷、従業員の高齢化といった問題を抱える町工場が多い中で、ダイヤ精機は新しい仕事を請け負える体制が整っている。

これまで主に自動車業界から注文を受けてきたが、医療、電機、機械など別の業種にも取引先を広げ、需要をつかむ力も十分に備わっている。

だが一方で、新しい仕事を請け負えるよう、やるべきことをやってきたかというと、とてもそうとは言えない。会社の体制固めに必死だったこともあり、外向きの努力は全くおろそかだった。

「勇気ある経営大賞」にチャレンジ

「新しいフロンティアを開拓するためにも、ダイヤ精機の名を全国に広めたい」

そう強く思うようになった。

最初は企業広告を打つことも考えた。だが、マスメディアでの広告には多額の費用がかかる。リーマンショックからようやく立ち直ったばかりのダイヤ精機に、そこまでの余裕はなかった。

お金をかけずにダイヤ精機の名前を売る方法は何か。思いついたのが、東京商工会議所が主催する「勇気ある経営大賞」への応募だ。

この賞は、厳しい経営環境の中で勇気ある挑戦をしている中小企業またはグループを顕彰するもの。その活動を広くPRすることで、後に続く企業に目標と勇気を与え、経済活性化につなげることを目的としている。

評価項目は「大きなリスクに挑戦したか」「高い障壁に挑んだか」「常識の打破に挑んだか」「高い理想を追求したか」など。業種は問わない。

2003年の制度創設以来、「痛くない注射針」で有名になった岡野工業（東京都墨田区）、知的障害者雇用の先駆者となった日本理化学工業（川崎市）など、名だたる企業が大賞を受賞していた。

社内で私が「この賞に応募したい」と言った時、社員はみな反対した。「うちのような小さな町工場が賞を取れるわけがない」というのだ。

「宝くじだって、買わなきゃ当たらないでしょ。やってみなくちゃわからないよ！」

こう私は主張した。「応募しなければ受賞しようがないから、とにかく応募はしてみよう。大賞を取れたら、２００万円の賞金で古くなったトイレを直そう」と呼びかけた。

社員には会社の知名度を上げたいという本当の狙いは伝えなかった。

「自動車産業のグローバル展開が加速する中、今までのゲージや治工具の商売だけでは生き残っていけない。新しい分野を切り開くための宣伝活動の一環として大賞受賞を目指したい」

こんな大風呂敷を広げても、工場で日々こつこつと製品を仕上げている社員たちにはピンとこない。

目標を設定し、社員のモチベーションを上げるには、誰もがイメージできる身近な言い方、わかりやすい言葉が必要。それがトイレの改修だった。

「社長、本当にやりたいの?」

「やりたい!　頑張るから!」

「しょうがねえなあ。社長がそこまで言うなら、やるか」

こうして応募が決まった。

私は過去の受賞例を研究し、自ら論文を執筆。幹部らに見せて、意見を聞き、何度も書き直した。

応募企業数は160社ほど。学識経験者、経営コンサルタント、金融機関、技術者などによる1次選考、2次選考を何とかくぐり抜けた。

3次選考では審査員が企業を訪問する実地審査を受けた。最終選考は審査員の前で15分間のプレゼンテーションを行う。

社員の前でパワーポイントを使ったプレゼンの練習を繰り返し、当日を迎えた。最終選考に残った企業の中でダイヤ精機はトップバッター。思い通りのプレゼンはできたが、結局、大賞は獲れず、優秀賞だった。

本気で大賞を狙っていた私はとても悔しかった。だが、社員は「優秀賞でもすごい」と慰めてくれた。賞金50万円では、トイレの改修には足りない。代わりに更衣室を手直しするのに使った。

「勇気ある経営大賞」に続いて、「今度こそ最上位の賞を」と挑んだのが「東京都中小企業ものづくり人材育成大賞」。東京都内の中小企業で、技能者の育成と技能継承に成果を上げた会社を表彰するものだ。

知事賞獲得を狙い応募したが、こちらも奨励賞にとどまった。

「ウーマン・オブ・ザ・イヤー」表彰式で号泣

だが、こうしてダイヤ精機の名前がジワジワと広まった効果は大きかったようだ。

予想もしていなかったことだが、２０１２年12月、雑誌「日経ウーマン」が各界で最も活躍した働く女性に贈る「ウーマン・オブ・ザ・イヤー２０１３」に私が選ばれたのだ。

創業者の娘として経営難に直面していたダイヤ精機を立て直し、さらに中小企業振興のための情報発信を続けている姿勢などを評価していただいた。フロンティア開拓のためにダイヤ精機の知名度を上げたい私にとっては願ってもない受賞だった。

「ウーマン・オブ・ザ・イヤー」は「勇気ある経営大賞」や「東京都中小企業ものづくり人材育成大賞」とは異なり、自分で応募したわけではない。それまでの私の活動やダイヤ精機の軌跡を知って推薦してくださった方がいたようだ。

1つのきっかけは、2008年の「IT経営実践企業」の認定取得だと思う。

先に触れたように、2005年、ダイヤ精機は生産管理システムの全面刷新を行った。「ほかの町工場も勝ち残ってほしい」という思いから、外部に対しても、積極的にシステム導入のメリットを訴えようと試みた。だが、30歳過ぎの女性社長の言うことに耳を貸す経営者はほとんどいない。

そこで、経済産業省が主催する「中小企業IT経営力大賞」に応募。「IT経営実践企業」という〝お墨付き〟を得た。リーマンショックで困窮し、真剣に情報システム活用を考えるようになった中小企業が増えたこともあり、以来、講演会などに呼ばれる機会が増えた。

経産省との接点ができたことで、2011年からは同省・産業構造審議会の委員となり、意見を述べる機会を頂いた。2011年9月に野田首相の工場視察を受け入れることになったのも、これらの活動があったからだ。

こうして「ダイヤ精機」「諏訪貴子」は、知る人ぞ知る存在になっていった。その延長線上に「ウーマン・オブ・ザ・イヤー」受賞があった。

「ウーマン・オブ・ザ・イヤー」の表彰式。
幹部とともに涙した（中央が筆者）

２０１２年12月6日、東京都港区の青山ダイヤモンドホールで表彰式と祝賀パーティーが開かれた。父の代からダイヤ精機で働いている幹部社員３人とともに出席した。

私が「３年の改革」を始めた当初は「お前、このやろう、何考えてるんだ」と罵られ、ケンカになったことも少なくない。その後、改革をやり遂げ、社員旅行に行った時には「社長に一生ついていきます」と言ってもらった。もはや家族のように近い存在の幹部たちだ。

壇上で受賞者は順番にスピーチをしていった。

私の番になった。

主婦からの転身で右も左もわからないまま社長になった私が、社員の助けを得て会社を立て直し、こうした場に立てたことの喜びと感謝の気持ちを語った。

「会社の創業者である父は夭逝した兄の代わりにと、私を男の子のように育てました。その私が女性の中の女性の賞である『ウーマン・オブ・ザ・イヤー』の大賞を頂くとは、父も天国で驚いているに違いありません」

初めにそんな笑い話をして、壇上から会場を見た。すると、最前列で幹部3人が泣いているのが見えた。

父の急逝から8年。幹部社員はズブの素人から経営者に転じた私を支えながら、社員を守り、技術を磨き、会社を切り盛りしてくれた。人には言えないつらいこともたくさんあったに違いない。

厳しいリストラを経験し、リーマンショック後の経営危機を乗り越え、人も会社も成長した。幹部が涙を流している姿を見て、私もこみ上げてくるものを抑えることができなかった。思わず声が詰まった。

会場でもらい泣きしている来場者の姿が見えた。

「お父さん、ダイヤ精機を残してくれてありがとう」
こう言うのが精一杯だった。会場の拍手が温かく、心に染みた。

女性であることがプラスに

「ウーマン・オブ・ザ・イヤー」の大賞受賞で、私は一躍「町工場の星」と呼ばれるようになり、新聞・雑誌、テレビなどで取り上げられるようになった。

ダイヤ精機ではなく、私個人に対する取材も多かったが、「歩く広告塔」のつもりで極力引き受け、積極的に表に出た。

どうやら、これらの露出を広告費に換算すると1億5000万円ほどにも達するらしい。「大田区の小さな町工場であるダイヤ精機の名前を全国的に広め、新たな仕事を獲得したい」。その目標がようやく達成できたのは「ウーマン・オブ・ザ・イヤー」大賞受賞から1年近くが経った2013年秋頃のことだ。

それまで付き合いのなかった企業から続々と問い合わせや発注などの連絡が入るように

なったのである。

ダイヤ精機が扱うのは、広告を打てばすぐに売り上げが伸びるような一般消費者向けの商品ではない。技術力や信用がものを言う企業相手の商売では、メディアや講演会での露出の効果はジワジワと出てくるようだ。

ある機械メーカーからは、機械に刃物を固定する部品や芯を繰り出す部品などを受注した。

そのメーカーは、それまで発注していた町工場が高齢化してしまったため、同じ部品をつくれる会社を探していたのだという。ダイヤ精機は若手社員を育成し、技術を継承していること、平均年齢が若く将来性があることから取引を始めようと考えてくれたそうだ。

別の機械メーカーは「女性が社長の会社だったから」と問い合わせをしてきた。

「どうして女性が社長の会社が良かったのですか？」と聞くと、「女性が社長だと品質が良さそうでしょう」という答え。その言葉が胸に響いた。

私が社長に就任した10年前、女性であることはマイナスでしかなかった。

「頼りない」

「決断力がなさそう」

「すぐに辞めそう」

そういうネガティブなイメージがつきまとった。少なくとも私自身はそう見られていると思い込んでいた。

ところが、今は「仕事が丁寧」「きちんと品質管理をしている」「こだわりを持っていそう」というプラスの評価を得られるようになった。隔世の感がある。10年続けてきて本当に良かった。

現在に至るまで、食品、福祉など様々な業界から問い合わせが来ている。1件1件慎重に検討させていただき、技術力を生かせる場を増やしたいと考えている。

そのほかのルートでも、新規の取引先を開拓する取り組みは実を結びつつある。

大田区の外郭団体である大田区産業振興協会が推進する医工連携プロジェクトでは、医療分野への進出も果たした。

新たに製造したのは鶴見大学歯学部から注文を受けた医療研究用の特殊ゲージ。このゲージはＭＲＩ（磁気共鳴画像装置）で撮影した画像データと実物を比較検査するため、歯

鶴見大学歯学部向けに製作した特殊ゲージ。
医療分野への進出を果たした

の断面を正確にスライスする時に使う。構造を工夫し、0・1ミリメートルごとに歯に印を付けられる器具を開発した。

鶴見大学の注文をこなした経験から、他の医療分野でもダイヤ精機の技術が生かせると確信した。2012年に中国の展示会に出展した際には、同じく日本から出展していた医療機器メーカーに飛び込み営業をかけた。首尾よく、骨折した際に骨を固定するボルト用のゲージの注文を頂くことができた。

海外の自動車メーカーにも食い込むチャンスがあると見ている。国内メーカーが海外工場でダイヤ精機のゲージを使っているのは、海外には同等の製品をつくれる会社がないからにほかならない。

今、海外の自動車メーカーはさほど品質の高くないゲージや治工具を使っている可能性が高い。ダイヤ精機の技術力を武器にすれば、商機はあると思う。夢は広がる。

自社の生産能力を見極め、既存の取引先に迷惑をかけないように配慮しながら、どんどんフロンティアを開拓していきたい。

学習塾で次代のリーダーを育成

取引先の開拓とともに今、試行錯誤しながら取り組んでいるのが管理職の育成だ。

社長就任直後のリストラで一時22人に減ったダイヤ精機の社員数は、2007年以降の積極採用で現在は39人にまで増えた。若手社員が多くなり、私1人ですべての社員を見守り、育てることは難しくなってきた。

幹部と若手社員とをつなぐ中間管理職が必要だと気付き、育成を意識し始めたのは2011年の終わりのこと。本社工場、矢口工場で働く中堅社員2人が適任と狙いを定めた。2人とも高い技術力を備えている。あとはリーダーシップを発揮させればよい。

2人には、事あるごとに「次はあなたがリーダーだからね」「頼むよ」「期待しているからね」と語りかけて、その気にさせてきた。本人たちにリーダーとしての自覚が生まれ、行動が変わっていくことを期待した。

周囲も何となく次のリーダーは彼らだろうと思い始めた頃、工場全体の問題解決の会議を開いた。自由に議論をさせ、私からはあえて誰も指名せず、「各工場の代表が発表してください」とだけ告げる。すると、リーダー候補の2人が、自然に議論をまとめて発表した。

こうした布石を打ち、2012年秋に「副工場長」という役職を新設して、2人を任命した。

名実ともに管理職となった2人が若手社員を束ね、組織の要となってくれるか。適正に部下を評価しつつ、育てていくことができるか。社長として見守りながら、若い管理職の成長を後押ししていきたい。

現場の管理職と同時に、私の右腕となる新たな幹部を育成する取り組みも始めた。

舞台として用意したのは地域の小中高校生に算数や英語などを教える個別指導の学習塾。

２０１２年９月、矢口工場３階の空きスペースに開校した塾の室長を、入社６年目の社員に任せた。

これまで、ものづくり一筋で歩んできたダイヤ精機がなぜ学習塾なのか。

皮肉なことだが、大田区では町工場が減り、跡地にマンションや住宅が建ったことで子供の数が増えている。

文部科学省の「脱ゆとり教育」をうたった新指導要領では、理数教育の指導内容が増えており、授業についていけない子供も出てきているに違いない。「中学受験をするわけではないが、学校の授業はきちんと理解したい」というニーズに応える個別指導塾は地域で喜ばれると考えた。

また、ダイヤ精機が社員教育において重視している挨拶の徹底、ヒューマンスキルの向上などは、子供の頃からの習慣づけで養われるもの。大田区に密着しながら、日本の将来を担う人材の育成に関わりたいという気持ちもあった。

フランチャイズ展開している学習塾の説明会に足を運び、数ある塾の中から早稲田育英ゼミナールへの加盟を決定。室長に指名した社員には教室の立ち上げをすべて任せた。技術力も高い上に、新しいことへの挑戦にも意欲的なこの社員は、学習塾への〝配置転換〟も前向きに受け入れてくれた。

開校から2年。今では講師6人、生徒20人ほどを抱える塾となっている。室長としてヒト・モノ・カネを動かし、広告、営業、人事、経理、経営戦略などを広く学んだ経験は何物にも代え難い財産になったと思う。

塾には今年9月から外部の室長を招いた。今まで室長を任せていた社員はダイヤ精機に戻り、塾で養った経営感覚を現場にフィードバックしてもらう。今後も様々な仕事を任せ、能力の幅を広げさせたいと考えている。

次代のダイヤ精機を託せる人材の育成は最も重要な課題だ。

息子の夢を応援したい

私が社長に就任した時、6歳だった息子は17歳に成長した。

父は私に一度も「2代目になってほしい」「後を継いでほしい」と言ったことがなかった。私も息子に「会社を継いで」と言ったことはない。今の段階で3代目にしようと思っているわけではない。

むしろ、血縁がない社員が継げるような会社にしなくてはいけないと思っている。だからこそ、管理職や私の右腕となる人材の育成に乗り出したのだ。

息子には自分の夢を追いかけてほしい。だが、もし、本人の夢の先にダイヤ精機の後継者という道があるのならば、もちろん止めることはしない。

思い返すと、父が私にしたように、私も息子に対して、無意識のうちに会社や仕事との接点を持たせている。父が幼い私を車で取引先に連れて行っていたように、私も小学生の息子を取引先に連れて行ったことがある。会社でバーベキューパーティーを開く時には、息子も呼んで社員と一緒の時間を過ごさせた。

社業のグローバル化を念頭に、タイに視察に行った時も、中学生の息子を連れて行った。初めて海外のビジネスに触れた息子は、「英語を学ぶ必要性」を強く感じたらしい。以来、高校生で留学することが彼の夢になった。

中学受験をして、中高一貫校に通っていた息子だが、「大学受験が必要な高校では、留学は難しい」という理由で高校受験に挑戦。大学付属の高校に入り直した。高校2年生になった2014年夏に渡米し、念願の留学を果たした。

自分で一歩を踏み出した息子には悔いのない人生を送ってほしいと思う。どんな選択であれ、私はそれを応援するつもりだ。

「のれん分け」でグループ拡大

社長を10年続けてきて、「会社は生き物」だとつくづく感じている。

人間と同じように会社も呼吸し、脈を打っている。季節が変われば衣替えが必要だし、風邪を引いた時は手当てが必要だ。元気で活気にあふれている時もあれば、落ち込んで暗い時もある。

社長は会社という生き物を健やかに成長させることが仕事なのだと思う。

場合によっては、生き残るために「改革」という名の大手術をすることも必要だ。手術は成功すれば劇的な効果を発揮する。だが、リスクも高い。事前の検査は念入りにしなくてはならない。

生き物だから、ちょっとした体調不良を訴えることもある。組織の末端に注意を払い、どこが悪いのかを探り、対処法を考えなくてはならない。それが日々の課題解決ということになる。

現場の声に耳を傾ければ課題はおのずと見えてくる。世の中の動向を探りながら、やるべきことの優先順位を決め、対策を講じる。時にはサプリメントを、時には軽い薬を服用し、病気を未然に防ぎ、健康な体を維持する。それが会社にとって重要なことだと感じている。

「3年の改革」を終えた後のダイヤ精機は人材の確保・育成、新たな取引先の開拓など、その都度、浮上する課題の解決に取り組んできた。今後は引き続き、リーダーの育成、生産性向上などが課題になるだろう。

「ダイヤ精機は今後もどんどん人を増やし、会社の規模を大きくしていくのですか？」と聞かれることがある。私の答えは「ＮＯ」だ。

売り上げ、利益を伸ばし、社員に十分に還元して、全員が大田区で一戸建てを持てるようにしたいという願いはある。

だが、私が引っ張れるのは現在の社員数30人程度までだと考えている。この範囲でコミュニケーションを密に取り、一人ひとりの性格を知り尽くした上で経営していくのが私の性に合っている。

ただ、「ダイヤ精機グループの拡大」という意味で「のれん分け」には挑戦したい。能力のある社員に「ダイヤ」の名前を背負いつつ独立してもらうのだ。

かつて、父がダイヤ精機を創業する時に力を貸してくれた叔父は、弟子をどんどんのれん分けさせていたという。

今、大田区からも日本からも町工場は減っている。私はかつての叔父のようにのれん分けでグループ会社を増やし、日本のものづくりの底辺を支える企業グループをつくりたいと思う。

ものづくりの輝きが見たい

ダイヤ精機は大田区という町工場の集積地で事業を営んできた。大田区の町工場は自動車、電機、医療、航空、宇宙など幅広い産業の研究開発、技術開発に貢献している。ものづくりの町・大田区で仕事をしていることは私にとって何よりの誇りだ。

だが、大田区の町工場の多くは経営基盤が脆弱。従業員9人以下の会社が全体の8割に及ぶ。

リーマンショック、東日本大震災を経て倒産した会社も多い。1980年代に9000を超えていた工場は今、4000ほどに減ったと推定されている。

父は商工会議所の大田支部会長を務め、大田区のものづくり復活に意欲を燃やしていた。志半ばで急逝し、その日を目にすることができなかったのは無念だったに違いない。父の遺志を私が引き継ぎ、強い町工場、強い大田区を甦らせたいと思う。

全体の数は減りつつあるが、今も技術の継承に前向きに取り組む町工場の経営者は少なくない。工場の減少に歯止めをかけ、何とか、ものづくりの町としての力を維持していきたい。

ダイヤ精機に生産管理システムを導入すると決めた時も、当初から「他の中小企業が真似できるようなもの」を想定していた。

かつてのダイヤ精機と同様、中小企業の多くは情報システムを使った生産管理ができていない。中小企業にとって、生産管理システムは収益改善に極めて有効なツール。多くの経営者に理解し、活用してほしいと、システム全面刷新直後の2006年から情報公開を進めてきた。

だが、中小企業のIT活用への関心があまり高くなかった当時、30代半ばの女性が生産管理システムをテーマに講演しても、関心を示す人はほとんどいなかった。講演会の来場者がわずか3、4人で終わったこともあった。

その後、大田区がIT経営支援に力を注ぐようになったこともあり、少しずつ生産管理システムに力を入れる企業が出てきた。今では大田区内の6社がダイヤ精機と同じ生産管理システムを導入している。

生産管理システム導入の後に私が取り組んだ人材確保・育成というテーマも、多くの中小企業に共通する重要な経営課題であることから、最近の講演会ではその話も盛り込んでいる。

今では、ダイヤ精機の取り組みに興味を持った全国の経営者や国内外の政府関係者が月に2~3組、見学に訪れる。

「独自の取り組みで経営体質を強化したのに、ノウハウを公開したら他社も同じように強くなってライバルが増えてしまうのではないですか?」

そう聞かれることがあるが、ライバルが増えるのは大歓迎だ。

私も今のままの経営を続けているだけでは勝ち残れないから、試行錯誤してさらに上を目指していく。中小企業同士が切磋琢磨し、より強い企業に成長できたら、日本の未来は明るい。

私が目指すものづくりのあり方は「石垣」だ。

石垣には大きな石や小さな石が一緒に組み上げられている。大きな石が全体を構成し、小さな石がそれを補完する。大きな石だけでは隙間ができてしまう。大小の石がうまくかみ合うからこそ強固な石垣ができる。

大企業と中小企業や町工場の関係も同じだと思う。

最終製品をつくる大企業には大企業なりの役割がある。そして、中小企業や町工場には大企業とは違う役割がある。大企業と町工場が互いに補完し、協力し合う関係の中で、日本の技術力は磨かれてきた。ダイヤ精機は大企業を支える町工場として、求められる役割を最大限に果たしていきたい。

これまで、多くの町工場は「町」ならぬ「待ち」工場だった。人材確保にしても営業活動にしても、「良いものをつくってさえいればいい」と、相手が来てくれるのをただ待つだけの姿勢が強かった。自社がどんな製品をつくるべきか、どんな強みを持つべきかも、取引先の大企業から教わっていた。

だが、競争が激しい今の時代、「待ち」工場では尻すぼみになる。グローバル化が進み、競争が激化したせいか、大企業も「中小企業を育てる」「共に成長する」というマインドを保ちにくくなっている。

「待ち」工場を改め、自ら積極的に動いてこそ、次代に勝ち残れる「町」工場になれるのだと思う。

その時にカギになるのは「つながり」だ。連携、提携、協働などの中からまだ見ぬフロンティアの開拓が可能になると感じる。

ものづくりの町・大田区で生まれ育った私の頭に焼きついた原風景がある。ダイヤ精機の近隣に立ち並ぶプレス工場や板金工場。どこからともなく聞こえてくる機械の音、辺りに漂う油のにおい……。働いている職人はみな夢を持ち、希望にあふれ、生き生きと楽しそうだった。町全体が輝いて見えた。

ものづくりに活気を取り戻し、職人が輝く姿、大田区が輝く姿、日本が輝く姿をこの目で見たい――それが大田区で小さな町工場を営む私の、大きな大きな夢だ。

［第3章］

私の仕事論

創業者である父の急逝で主婦から社長に転じた私。経営に関してはズブの素人だったが、社長就任から10年の間に、ジリ貧だった会社を曲がりなりにも立て直し、事業拡大への道筋をつけることができた。

父が遺した優秀な〝人財〟に助けられた。〝神風〟が吹く運にも恵まれた。もう1つ、良い結果を残すことができた理由を挙げるならば、仕事や経営に関する私の思考習慣、行動スタイルが功を奏した面があるのではないかと感じている。

ここからは、そんな私の仕事論を紹介していきたい。ビジネスパーソンの皆様にとって、働き方、生き方のヒントになるものが少しでもあれば幸いだ。

社員の知恵を結集する

ダイヤ精機が目指すのは「ザ・町工場」だ。

町工場とは、ヒト・モノ・カネの経営資源が限られる中、高い機動力で顧客の要望に合う製品を供給し続ける存在。ダイヤ精機はその代表格と言われるような会社になりたい。

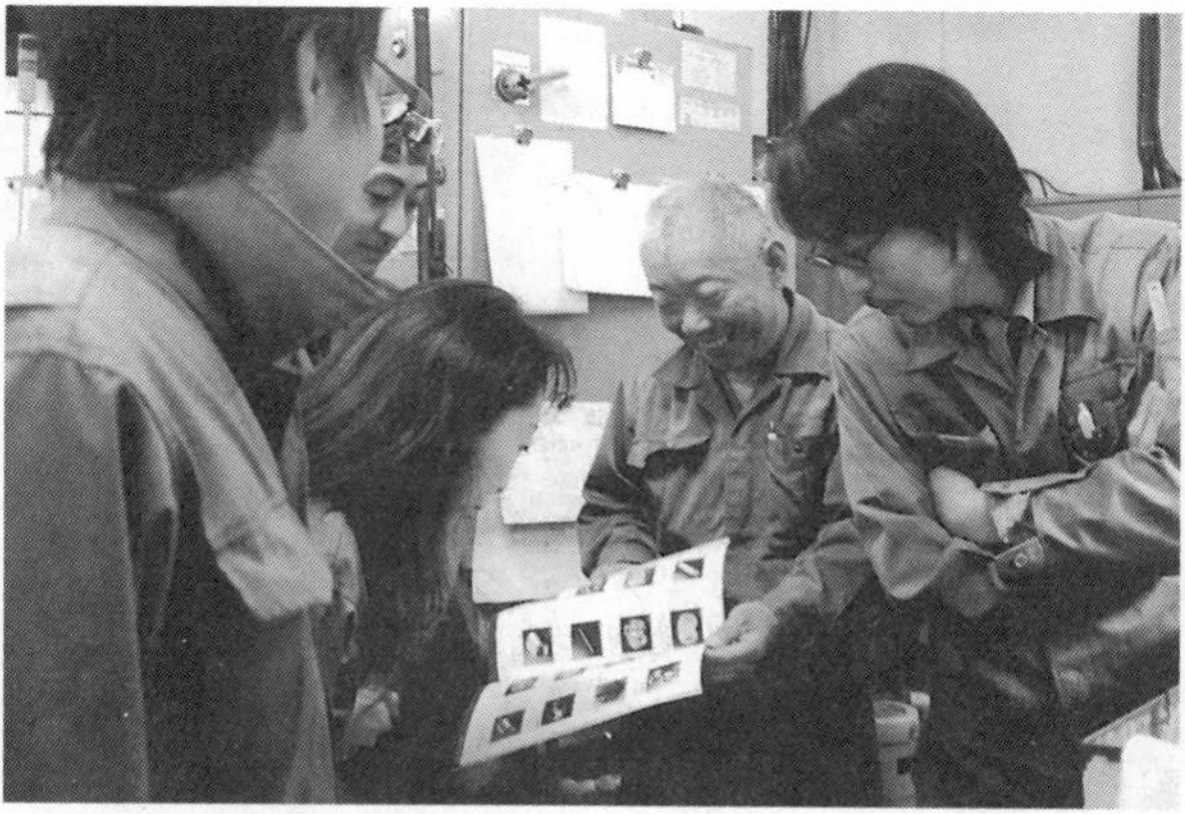

問題が起きたら、全員で一緒に考える。
これぞダイヤ精機の姿だ

ある時、「町工場と呼ばれて嫌ではないですか」と聞かれたことがある。嫌だなんてとんでもない。「ザ・町工場」を目指す私にとっては、町工場であることこそがプライドだ。

「ザ・町工場」となるために絶対に必要なものがある。「知恵」だ。

それも1人の知恵ではない。社員全員の知恵を結集することが重要だと考えている。

私が「これぞダイヤ精機」と思う光景がある。何か問題にぶち当たった時、何人もの社員がわっと集まり、狭い工場内で一緒に考えている姿だ。

どうすればより良い製品をつくれるか、

どうすれば早く顧客に届けられるか。次々に浮上する問題を、みんなで自由に意見と知恵を出し合って解決できるのは、小さな工場だからこその強みだと思う。

工場内で2人の社員が何か話し込んでいたら、周りの社員も「何だろう」「どうかしたか?」と気になって寄って行く。私はそんな関係、そんな行動を求めている。入社したばかりの新人社員にも、「周りの社員が話し込んでいる時には一緒に加わってね」と伝えている。

技術はベテランから若手へと継承するものだが、新たな発見や気付きは若手が生み出すこともある。ベテランも若手も同等の立場で一緒になって知恵を出し合い、うまくいったら、成功体験をみんなで共有することが大切だ。

ものづくりに関わる社員はこだわりが強い分、自分の仕事に没入しがちな面がある。だが、「自分」と「他人」の仕事の壁を取り払い、「隣の人の悩みは自分の悩み」「ダイヤ精機に降りかかる問題は自分の問題」ととらえるようになってほしい。

私が大手メーカーで働いた経験から言うと、大企業は組織がきっちり固まり、その中での分業が徹底している。「ここまでは誰の担当」「ここからは誰」と仕事の範囲が定められ、それを超えて自由に動くことができない面があるように思う。

ヒト・モノ・カネの経営資源が豊富な大企業は、そうやって分業した方が高いパフォーマンスを発揮できるのかもしれない。だが、町工場はそうはいかない。

いざという時に社員の知恵を結集するためには、日頃から良好な人間関係を築いておく必要がある。年の差があっても、役職の違いがあっても、言いたいことを言える間柄でなくては、何かあった時に近寄って行くことはできないし、意見も出せない。

良好な人間関係のほかに、もう1つ必要なのが「ゆとり」だ。

「ゆとり教育」で「ゆとり」という言葉にはすっかり悪いイメージがついてしまった感があるが、ゆとりとは本来、「考える時間」のことだと思う。

社員には、「モノをつくれば売れる時代は終わった。『より良く、より安く、より早く』を一人ひとりが考えながらつくらなければ生き残れない。『考えるものづくり』の時代になった」とよく言っている。

自分たちで考えながらものづくりができるように、ダイヤ精機ではあえて管理をしない。管理するのは出勤・退社の時間ぐらい。その日の目標、ノルマなどは各自で設定させ、報告させる。「考える」という行為は、我々中小企業が生き残るために残された大きな武器だと思う。

かつての日本では町工場の経営者が集まって話し合い、協力し合いながら新しいものをつくり上げていた。私が幼い頃、父がよく連れて行ってくれた喫茶店には、近所の町工場の経営者たちが集まり、ものづくり談義に花を咲かせていた。

多くの人の知恵こそが技術の源泉。日本の技術力の礎だった。ダイヤ精機は社員全員の知恵を結集し、「考える時間＝ゆとり」を持って、日本の強さを再現していきたい。

悩まないで迷う

企業経営者には次から次へと難題が降りかかる。その都度、「どうすべきか」を考え、決断していかなくてはならない。

主婦から社長に転じた私も幾度となく、それまで経験したことのない重大な決断を迫られた。しかし、私はどんな時も、「どういう決断をすべきか」と悩むことはなかった。

「悩む」というのは「やる」か「やらない」か、「GO」か「NOT GO」かを考えること。2つの選択肢の中から1つを選ぶことだ。

私にとって、この選択肢は意味がない。

なぜなら、「やる」か「やらない」かを迫られた時の答えは、すべて「やる」と決めているからだ。

唯一、「やる」か「やらない」かで悩んだのは、ダイヤ精機の社長になる時だ。主婦だった私が社長を引き受けるべきかどうかについては、時間をかけて考えた。悩みに悩んだ。だが、社長を「やる」と決めた後は、何も悩んでいない。

社長が悩んでしまうと、その間、会社の動きが止まってしまう。社長には悩む時間はない。

悩まないが、代わりに「迷う」。「やる」ということは決まっているから、どれをやるかで「迷う」のだ。

選択に迷った時、決断の決め手となるのは勝算だ。実現可能性の高さと実現までの時間を考える。「これはできそう」「これは時間がかかる」という基準で優先順位を決めていく。

経営資源が限られる町工場には、時間をかける余裕はない。何年もかかる開発案件は難しい。回収までの時間が短いものを選ぶ。

今、ダイヤ精機が迷っていることがある。福祉分野でのボランティア事業だ。

2014年春、飲み会の場で社員たちが「ダイヤ精機の技術をもっと身近なものに生かしてみたい」と言い出した。

何度も触れてきたように、ダイヤ精機は国内でも随一と言っていい超精密加工技術を持っている。その技術力は取引先からも大いに評価してもらっている。しかし、一般消費者が使う製品ではないため、社員たちがその「高い評価」を実感できる機会が少ない。もっと身近な製品に自社の技術を生かし、社会の役に立つことができれば、社員のモチベーションが今以上にアップするというのだ。

社員の1人の父親が義手を使う身体障害者であることから、福祉分野で役立つものがつくれないかという話が出た。すぐにビジネスとして取り組むのではなく、最初はボランティアでできることを探ろうということになった。

福祉のボランティアを「やる」と決まれば話は早い。次に、何を「やる」のか、検討する必要がある。

早速、大田区に連絡し、社員を連れて区内の福祉施設を見学させてもらった。利用者から困り事を聞き出し、ダイヤ精機が持っている技術で何が解決できるかを迷いつつ考えている。高齢者や障害者一人ひとりの生活が豊かになるような手助けができたら本当にうれしい。

経営者は悩まず、常に迷いながら前進あるのみだ。

「動け、動け」と念じる

私はいつも「動け、動け」と自分にハッパをかけている。

調べる。見に行く。話を聞く。とにかく、頭で考えるのではなく、体を動かし、何らかの行動を起こすことを大事にしている。

社員が飲み会で福祉ボランティアをやってみたいと言い出した時も、翌日の朝には大田区役所に電話し、近くの福祉施設を見学させてもらう手筈《はず》を整え、スケジュールを固めた。

「社長、相変わらず速いなあ」

社員は驚いていたが、性格なのか、思い立ったらすぐに動かないと気持ちが悪い。

数年前のことだ。営業担当の幹部が父と同じ肺がんで亡くなった。

その幹部が末期の肺がんとわかり、症状が悪化して会社を休まざるを得なくなった時、私はあえて引き継ぎの指示をしなかった。引き継ぎをして「仕事に復帰する」という目標がなくなったら気力が萎えてしまう。最後まで望みや意欲を持って生きてほしかった。

だが、残念なことに、その幹部は復帰することなく亡くなった。一切、引き継ぎをしていなかった彼の仕事の一部を私が引き受けることにした。

まず地図で顧客企業の場所を調べて訪問してみることにした。

それは、ある自動車部品メーカーだった。その会社との取引は年間60万円。だが、取り扱い製品から考えて、もっと食い込み、取引を増やすことができるはずだと思った。そこで、行動を起こした。

週3回、その会社に通った。

何をしたか。ダイヤ精機の作業着を着て、空の段ボール箱を抱えて工場の敷地内を走った。

荷物を持って走っている姿を見ると、人は「一生懸命頑張っているな」という印象を持つ。女性であればなおさら目を引く。

「あれは誰?」

「ダイヤ精機の社長らしいよ」

「営業担当の社員が亡くなって、引き継ぎで来てるんだって」

「へえ、頑張っているね」

工場で噂されるようになっていった。

その会社に行くには片道2時間半かかる。車の中で何度か「こんなことを続けて意味があるのかな」と思ったこともあった。車に積んであるのは空の段ボール箱だけ。納入する製品もないし、提案する図面もない。切ない気分になることもあった。

それでも「これしかない」と信じ、「動け、動け」と念じてやり続けた。

3カ月、週に3日通って走り続けた。

そのうち、噂を聞きつけた担当者が「チャンスを与えてみよう」と思ってくれたのだろう。購買担当者向けにダイヤ精機の製品をプレゼンテーションする機会が得られた。このプレゼンで新たにゲージの注文を受けることができ、年間の取引額は1000万円にまで膨らんだ。

動いて、動いて、地道に努力を続けることが結果につながることを自分でも確認し、社員にも伝えることができた。こうして結果を出せば社員も「社長、さすがだな」と思ってくれる。

今も私は新規顧客獲得のため、「飛び込み営業」をしている。自動車メーカーや部品メーカーに電話して反応があれば、「お時間をください」と言って駆けつける。

訪問先ではダイヤ精機の実績や技術力を話し、難度の高い製品は「まずはタダで構いません。つくってみるので、うまくいったら、買ってもらえませんか」と交渉する。

ほとんどは断られる。訪ねることさえできず、門前払いされることも多い。「社長がそこまでやる必要があるのか」「もう少し考えてから動けばいいのに」と思う人もいるかもしれない。

だが、どんな対応をされても、周りからどう思われても構わない。「これだ」と信念を持って「動く」ことが大事。「動け、動け」こそが私のモットーなのだ。

中小企業の社長は「何でも屋」だ。営業もやる。経理もやる。情報収集もする。広告塔にもなる。10年間、社長業を続けてきて、社長は「考える人」であると同時に、「動く人」であるべきだと考えている。

私が「動く」ことで、会社の中の足りないところを補うことができれば、企業としての機動力向上にもつながる。

「動け、動け」は中小企業の社長には効果抜群の呪文だ。

「何とかなる」で飛び込む

2012年に「ウーマン・オブ・ザ・イヤー」の大賞を受賞後、女性の社会進出について意見を求められる機会が増えた。

その都度、私は「女性ならではの視点、論点は社会に新しい風を吹かせる。活用しなくてはもったいない」とコメントしている。

女性はマネジメント能力が高い。家庭の主婦はみな経理、人事、総務、購買、生産、企画、営業と、あらゆる業務を担当し、小さな組織を切り盛りしている。ビジネスシーンにおいても、その能力を生かせないはずがない。

現在、安倍首相はアベノミクスの成長戦略で「女性の活躍推進」を柱の1つに掲げている。素晴らしい取り組みだと思う。

ただ、女性が社会で活躍する上で、妨げになりかねないと思うことがある。それは「見えないものに対する不安、初めて取り組むことに対する不安を強く抱きがちで、新しいことに挑戦する勇気が不足している」という点だ。その場の状況に応じて臨機応変に対処しようとする男性とは明らかに違う。

恋人や夫婦で旅行に行く時、いつ、どこに行って、何を見るか、何を食べるかというスケジュールをきっちり立てておきたいのが女性。それが決まっていないと「どうするの?」「早く決めて」と不安になる。こういう慎重さは、新しい仕事にチャレンジする上ではマイナスになりかねない。

女性が仕事を続けていく際の課題と指摘されるのが「ワークライフバランス」だが、この言葉自体、先をきちんと見据えて行動したい女性の意識が色濃くにじみ出ている。仕事と家庭。バランスは取れるのか。一方に偏らないようにするには、どうすればいいか。しっかり見極め、準備しておきたいというニュアンスが読み取れる。

主婦から突然、社長になった私の場合、事前に仕事と家庭のバランスを考える余裕はなかった。思い切って飛び込むしかなかった。

わかったのは、それでも何とかなるということだ。

我が家のことを言えば、夫は予定通りに米国に赴任し、私と小学校1年生だった息子は日本に残った。父が亡くなり、母が1人になったこともあって、社長就任と同時に、私と息子は実家で一緒に暮らすようになった。とはいえ、母は病弱で息子の世話ができる状態ではない。

姉が週に1回来て家事を手伝ってくれた。地域のお母さん仲間も我が家の状況を理解して何かと協力してくれた。周囲の人の支えに大いに助けられた。

いつも家にいた母親が突然、会社の社長になって、1日中外出しているのだから、子供の生活も激変した。でも、子供は強い。環境に順応してたくましく育つ。

学校が終わって家に帰っても母親が家にいない息子は、友達と外で遊んだり、スイミング教室や塾に通ったりして、私が帰るまでの時間を過ごしていた。寂しい思いをたくさんしたかもしれない。だが一方で、どこに行っても、すぐに新しい友達と打ち解けて仲良くなれる性格が養われたと思う。

社長に就任し、「3年の改革」に着手した当初は、外部の会合や講演にはほとんど出ていなかったから、6時、7時には家に帰っていた。

父がそうだったように、私は仕事を家に持ち込まない主義。家庭では会社の話は一切しない。頭のスイッチを切り換え、完全に「お母さん」になる。帰宅後はとにかくべったり、子供が嫌がるまで、近くにいるようにした。一緒に過ごす時間は少なくても、親の姿勢で愛情は伝わる。

社長になって2年後、夫が帰国してからは、私の帰宅が遅くなる時には夫に早く帰ってもらうなどして調整した。共働きなら、どこの家庭でもやっていることだ。

ワークライフバランスを深く考えて行動したことはない。

「家族が笑顔ならＯＫ」

「楽しく過ごせていればバランスが取れている」

そう思って過ごしてきた。実際、それで何とかなった。

今までずっと男性が就いていた責任あるポジションに女性が座れば人目を引く。周りもその状況に不慣れだから、ぎくしゃくした雰囲気が生まれることもある。

だが、すべては時間が解決してくれる。慣れれば「女性がそこにいる」ことが当たり前になる。周囲の人に慣れてもらうためには、まず思い切って飛び込んでみるしかない。

今、取引のある自動車メーカーでは、定期的に部品メーカー、材料メーカーなどの経営者を集めた会議を開いている。ダイヤ精機も参加しているが、100社以上が集まる中で女性は私1人だ。

私が社長に就任した10年前は、他のメーカーの社長たちはどう接していいかわからなかったようで、誰も話しかけてこなかった。会議で私の両隣だけが空席になってしまうことがよくあった。

だが、紅一点の私がいることが当たり前になってくると、経営者仲間の1人として気さくに話してもらえるようになった。今では分科会の会長にも推薦してもらい、貴重な経験を積む機会を頂いている。

考えすぎることなく、不安を感じすぎることなく、「何とかなる」の精神で新しいことに飛び込む。先を見通して準備を整えておきたいタイプの女性も、時にはそういう思い切りの良さを持ってほしい。その姿勢が新しい道を切り開くのだと思う。

笑顔の絶えない職場をつくる

笑顔はコミュニケーションの基本。そう考える私は、仕事中も常に「笑い」を意識しながら話している。

自分も笑うのが好きだし、相手にも笑ってもらうのが好き。笑いのある空間を作りたい。笑顔が幸せを連れてくると思っている。

起きている時間だけを考えれば、働く人の多くは家よりも職場で過ごす時間の方がずっと長い。だからこそ、社員には職場での時間を楽しく、気持ち良く、笑顔で過ごしてもらいたいと思っている。

私は2代目である私なりのコミュニケーションスタイルを実践しようと、なるべく多くの時間を工場で過ごし、一人ひとりの社員と積極的に接するようにしてきた。時にはゲーム感覚で「大阪弁」や「京都弁」を使い、社員との会話を楽しんだ。

今では、社員は「社長がどこにいるかは笑い声でわかる」と言う。取引先からも「ダイヤ精機はみんな楽しそうに働いているね」とよく言われる。

「社員と親しく接しすぎると、社長としての威厳がなくなりませんか?」

時々、そう聞かれることがある。確かに、私のように現場に張り付いて冗談を言い合っていると、社員と「なあなあ」の関係になったり、なめられてしまったりする可能性もあったと思う。

だが、社長に就任したばかりの頃の私には正直、そこまで考える余裕がなかった。何とか社員との距離を縮めたい。心を通わせて前向きに一緒に仕事をしていきたい。その一心だった。

ありがたいことに、私が社長であることについては、社員の側がきちんとわきまえて線を引いていてくれた。後に人材採用を強化し、若手社員が多く入社するようになった時、中堅クラスの社員が若手に言って聞かせてくれたのだという。

「社長は友達のように話してくれて接しやすいと思うけど、社長はあくまでも社長。気を抜いて失礼なことを言ったり〝タメ語〟で話しかけたりしたらダメだよ」

その話を聞いた時、私は本当に父から〝人財〟を残してもらったと感謝の気持ちでいっぱいになった。

父とは180度異なるスタイルで社員と接しようと思っていた私だが、少し前、社員から「先代に似てきましたね」と言われた。

幹部社員を厳しく叱りつけることもあった父だが、現場の社員には優しかったという。私のように現場に出て一緒に笑い合いながらコミュニケーションを取ることはなくても、父なりのやり方で現場の社員を大事にしていたのだろう。

いつも笑顔のある職場をつくろうとするのも、厳しさの中で優しさを垣間見せるのも、相手への思いやりから生まれるものだと思う。少しでも気分の良い時間を過ごしてもらい、良い仕事につなげ、成長してほしい。そういう愛情が背景にある。

スタイルこそ違うが、父も私も追い求めていたものは同じなのかもしれない。

自分に正直になる

「ウーマン・オブ・ザ・イヤー」や「勇気ある経営大賞」の受賞を機に、講演会に招かれたり、テレビ番組に出演したりする機会が増えた。

「出る杭《くい》は打たれる」なのか、中にはそういう私に対して「目立ちたがり屋」「本業をおろそかにしている」などと陰口を叩く人もいる。

だが、何を言われようとも、自分の気持ちに正直に、「やりたい」と思うことをやるようにしている。基準は「やりたいか、やりたくないか」であって、「人がどう思うか」ではない。

これまで自動車業界での仕事を中心としてきたダイヤ精機だが、グローバル化に伴う競争が日に日に激しさを増す中では、私自身が広告塔となって、もっともっと社名を広め、新しい仕事を獲得していくことが重要だと考えている。

「諏訪貴子」という名前を、「ダイヤ精機」という名前を、より多くの人に知ってもらいたい。テレビ出演など、すべての活動はそういう信念で行っているもの。自分の中に揺るぎない考えがあれば、人からどう見えようとも、気にする必要はない。

父が64歳で亡くなった時、最期の顔はやりたいことを全部やり切り、満足感にあふれているように見えた。私もそういう人生を送りたいと強く思った。

社長になってから無我夢中ではあったが、人目を気にせず、常にやりたいことをやってきたし、言いたいことを言ってきた。自分に正直に行動してきた結果、それが「個性」と認められるようにもなった。

今、私は経済産業省の産業構造審議会委員、政府の税制調査会特別委員を務めている。大田区の小さな町工場の社長が、こんな大役を任されることになったのは、他の経営者にはない個性を評価してもらったからこそだと思う。

その個性の1つは、「思ったことを誰にでも臆さず言うこと」だろう。

2011年9月、当時の野田佳彦首相が中小企業の現状を知りたいとダイヤ精機に視察に訪れた。その時、私は日頃から思っていたことを野田首相に直接訴えた。

「今までの国の中小企業政策は『大きな中小企業』向けで、我々のような零細企業には光が当たってきませんでした。これからは国内の大部分の雇用を支えている小規模企業にもぜひ目を向けてもらいたいです」

数日後、野田首相に同行していた鈴木正徳・中小企業庁長官（当時）から「諏訪さんの発言が胸に響いた。話を聞かせてほしい」と電話があった。その後、２０１２年３月に「〝ちいさな企業〟未来会議」が発足。全国の小規模企業の代表者１５０人が政府に求める支援策を話し合う場ができた。

中には、首相に直訴するなど「図々しい」「身の程知らず」と思う人もいるかもしれない。だが、心から「伝えたい」と思うことがあるのに、それを抑制する必要があるだろうか。

小さな子供はわがままだ。欲望のまま、言いたい放題、やりたい放題。ちょっとでも思い通りにならないと、泣いたり、わめいたりする。そのわがままの中に、それぞれの子供の性格や気質が見え隠れする。いわゆる個性だ。

ところが、小学校高学年ぐらいから、わがままは消える。同時に個性も薄くなっていく。社会の規範、常識を知って、自分を抑制することを覚えるのだ。

抑制の意識は年々強くなる。社会人になると、組織の中で周りの目を気にして、本来の自分を押し殺しがち。だが、社会常識の範囲内であれば、もっと自分に正直に振る舞っていいと思う。

個性は許される範囲で最大限に発揮すれば、人の強みになる。そう思って、「やりたいこと」をとことん追求してみてはどうだろうか。一部の人からは、批判的にとらえられるかもしれない。しかし、雑音が聞こえてきても、「受け流す」「割り切る」力を持つこともまた大切だと思う。

「大変」「苦労」と思わない

私が社長になってから、ダイヤ精機は何度かピンチに襲われた。そういう時にも「もうダメだ」と後ろ向きにものを考えることはなかった。

経営者に落ち込んでいる暇はない。情報を集め、現状を把握し、これから先にすべきことを探らなくてはならない。

「もうダメかもしれない」

「やってもムダなのではないか」

こういうネガティブ思考は捨てる。それこそ全くムダだからだ。

社長就任から半年ほど、「3年の改革」を進める私に社員たちは反発した。孤独感にさいなまれていた時、シェークスピアの言葉に出合った。

「世の中には幸も不幸もない。考え方次第だ」

この一節が胸にストンと落ちた。「そうだ、何事も考え方次第だ。悪いように考えなければいいのだ」と思った。

それ以来、ネガティブな思考は排除するようになった。今では、意識して排除しようとしなくても、自然にネガティブな考えを遠ざけている。どうにも処理できそうにない問題に直面した時は、「まあ、いいか。何とかなる」と口に出して、スイッチを切ってしまう。

社長就任当初、2代目であり、女性であることを批判する人は少なくなかった。ライバル会社の幹部と一緒にエレベーターに乗り込んだ時、背後から「女だから目立つんだよな」「いい気になりやがって」という言葉を吐かれたこともある。面と向かって「親の七光り」と言われたこともある。

最初のうちは一つひとつの言葉に傷つき、落ち込んでいた。だが、社長として日々、やらなければならないことに取り組んでいると、ネガティブなことを考え、とらわれている時間がもったいなく感じられるようになってきた。人が何を言おうと気にしない。どんな状況も苦にしない強さが身についてきた。

今は「親の七光り」と言われれば「私、光ってますか?」と切り返せるし、「女は目立つ」と言われれば「そうなんです! 女だから目立てるんです。ラッキーですよね」と言える。

嫌なことがあった時は1日、24時間を思い返すといい。嫌な出来事があったのは、時間にすれば5分、10分程度に過ぎない。それに対して1日は長い。

「朝、立ち寄ったコンビニのおばさんが、すごく愛想良く挨拶してくれた」

「隣の人が旅行のお土産においしいお饅頭《まんじゅう》を持ってきてくれた」

「社員と昼ご飯を食べた時、冗談を言い合って爆笑した」

「街でものすごいイケメンに会った」

楽しい出来事の方がずっと多く、幸せな時間の方がずっと長く、親切にしてくれた人の方がずっと多い。それを考えると、たった5分、10分のことでいつまでも悔しい思いにとらわれていることがバカバカしくなってくる。

ネガティブ思考を排除すると、ひたすら前向きになれる。「失敗」と感じることがなくなる。なぜかというと、目標を達成するまでやり続けるから。途中段階でうまくいかないことを失敗と見てしまう人もいるかもしれない。だが、私の中では成功のための「過程」でしかない。「大変」「苦労」という感覚もない。大変だと感じる基準、苦労だと思う基準次第で、とらえ方は大きく変わる。

見る人によっては、会社の経営は大変なことだろう。だが、それを言えば、仕事も家事も子育ても大変になってしまう。

世の中にはもっともっと大変な状況に置かれている人、苦労している人がたくさんいる。それを考えれば自分はラッキーだと思える。基準をどこに置くかで感じ方は大きく変わるのだ。

今の私はピンチに立ち向かうのが好きだ。

過去を振り返ってみると、つらいこと、大変なことも、後から考えると良い思い出になっていたりする。

中学や高校の同窓会に行った時に盛り上がるのは「部活のあの練習はきつかった」とか「試験で赤点を取って大変だった」という話題だ。その時は必死。だが、時間を置いて振り返ると一種の武勇伝のように語り合える。笑ってそれを話せた時には、大きな困難を乗り越えている自分がいる。

ピンチに直面した時には、「よし、来い」「2年後には絶対笑っているぞ」と〝戦闘モード〟に入る。そうすることで俄然、力が湧いてきて、ふだん以上のパフォーマンスを発揮できるのだ。

没頭できる趣味を持つ

社長になって半年ほど経った頃、経営者の孤独を味わい、強いストレスを感じるようになった。気晴らしに近くのスポーツクラブの喫茶店に行ってみると、スタジオでクラシックバレエを楽しんでいる女性たちがいた。

優雅な動きに目が釘付けになった。

「私もやってみたい！」

その場ですぐに入会の手続きをした。以来、週に2〜3回レッスンに通っている。これが心身のリフレッシュに実に効果がある。

経営者は24時間、経営者だ。私はオンとオフとを切り替え、家にいる時には仕事の話を全くしない。しかし、それでも会社のことが頭から１００％離れることはない。

お風呂に入っている時に収益のことが気になって考え始めたり、ベッドに横になってから新たに引き受けた仕事のことを考えて寝付けなくなったりする。

だが、バレエのレッスンを受けている間は、音楽に合わせて手や足をどう出すか、ポーズをどう決めるかしか考えないから、仕事のことが頭からすっぱり消える。

こうして頭を空っぽにできる時間がとても重要で、バレエを終えた後にはリセットできた感覚になる。

経営者としては「できない」「わからない」という言葉をそうそう口に出せないが、バレエでは何でもゼロから教えてもらえる。「人から指導を受ける」という体験も新鮮だ。

バレエをした日は体も頭も程良く疲れてすぐに寝付ける。多忙な経営者は質の良い睡眠を取らなくては体がもたない。

仕事が多い時ほど、頭と体のリセットのためにバレエに足繁く通う。多い時には週に5回行くこともある。

32歳で初心者から始めた私も、今はトゥシューズを履いて発表会で男性ダンサーとパ・ド・ドゥ（男女2人の踊り）を踊れるまでになった。

発表会は1～2年に1回ある。そのたびに家族会議を開く。ただでさえ多忙な私が発表会に出演するとなれば、特別なレッスンを受けたり、リハーサルに出たりすることが必要となり、さらに家にいる時間が減ってしまうからだ。

かつて、「発表会に出てもいいかな?」と問いかける私に、中学生だった息子は「やりたいことをやらないと後悔するでしょ」と言って出演を後押ししてくれた。本当にうれしかった。

このように、没頭できる趣味を持つというのは大事なことだ。私の場合はバレエだが、もちろん、野球でも料理でもガーデニングでも何でも構わない。夢中になれるものを持ってこそ、新鮮な気持ちで仕事に向き合えるのだと思う。

小さな勇気が人生を変える

講演会で話をさせていただく機会が増えた。多くの場合、最後に15〜20分ほど質疑応答の時間がある。だが、誰も手を挙げる人がいないことがある。

「目立ちたくない」

「大勢の前で話すのは恥ずかしい」

「話し下手だからうまく伝えられない」

逡巡《しゅんじゅん》する理由は様々だろう。そんな時、私は実体験を基に、こう話す。

「小さな勇気と行動が人生を変えますよ」

私の人生を変えた小さな勇気と行動とは何か。

2009年7月のこと。

当時の麻生太郎首相が大田区を訪ね、中小企業経営者との意見交換会を開いた。大田区長、東京商工会議所大田支部会長、大田工業連合会会長のほか、区内の経営者数人が集まったこの会に、なぜか私も呼んでもらった。

時の総理大臣に会うチャンスなんてめったにない。私はこの機会にぜひ、首相に訴えたいことがあった。

2008年12月に運用が始まった「雇用調整助成金（中小企業緊急雇用安定助成金）」のことだ。

この助成金はリーマンショック後の厳しい経済情勢の中、労働者の失業を防ぐために国が企業に対して実施した支援措置の1つ。従業員の休業、教育訓練、出向を行う企業に対し、手当や賃金の一部を助成するものだ。

ところが、対象企業の要件は「売上高または生産量の直近3カ月間の月平均値がその直前3カ月または前年同期に比べ5％以上減少している」ことなどとされていた。

2008年に制度ができた時には、この要件で問題なかった。だが、2009年の段階で「前年同期」を基準としてしまうと、リーマンショック後の需要激減期よりもさらに売上高や生産量が5％以上減っていないと、助成金が受け取れないことになる。

基準を見直さなくては、中小企業の努力は報われない。私はせっかくの機会を生かし、首相に要件変更を直訴しようと待ち構えていた。

だが、区長、商工会支部会長らが顔を揃えた意見交換会は厳粛なムード。とても若輩者の私が発言できるような雰囲気ではない。

「言いたい」と思いつつ、30分ほどの会議の間、ついに口を開くことができなかった。麻生首相が退室しようとドアの方に向かっていく。

「このまま何も言わずに帰ったら絶対後悔する」

そう思った私は勇気を振り絞って立ち上がった。

「麻生首相、直訴させてください！」

叫んだ瞬間、自分が取った行動に自分で驚いた。

もっと驚いたのは麻生首相のＳＰだ。何事かと慌てて私の方に駆け寄り、後ろから腕をつかんで制止した。

部屋を退出しかかっていた麻生首相は、呼びかけに気付いて足を止め、私の方に近付いてきてくれた。

ＳＰに腕を押さえられながら、私は伝えたいと思っていたことを口にした。

「雇用調整助成金のことでお願いしたいことがあります。対象企業の要件ですが……売上高や生産量の減少の基準年が前年同期で……そのままでは対象にならない企業が多いのです」

しどろもどろになりながら必死で説明した。

首相に随行していた経済産業省の官僚が私の訴えの意図をくみ取り、「彼女が言っているのはこういうことです」と〝通訳〟してくれた。

すぐに内容を理解してくれた麻生首相は「よし、わかった、わかった。それは必ず俺が見直しをさせるから。約束するよ」と言って帰って行った。

翌8月に行われた衆議院議員選挙で自民党は大敗を喫し、9月に麻生政権は退陣した。

だが、私の訴えは引き継がれた。

その年の12月、雇用調整助成金の要件が緩和された。「売上高または生産量の最近3カ月間の月平均値が前々年同期に比べ10％以上減少し、直近の決算等の経常損益が赤字である中小企業」も利用できるようになったのである。

経産省の担当者からは「諏訪さんの直訴が通りました」と連絡があった。「勇気を出して言って良かった」と心から思った。

私の人生はこれを機に大きく変わった。

「首相にも臆さずものを言う女性」

霞が関ではそんな評判が広まったらしい。2011年、経済産業省から声がかかり、産業構造審議会の委員になった。産業構造の改善、産業政策のあり方など重要事項を調査・審議する会の一員になったことは、2012年「ウーマン・オブ・ザ・イヤー」受賞のきっかけにもなった。

2013年からは政府税制調査会の特別委員も務めている。国の重要経済政策に関わる立場に立つとは、少し前の私では考えられなかったこと。これは麻生首相への直訴という「小さな勇気と行動」があったからこそだ。

講演会の質疑応答の時間、質問者がなく静まり返っている時、このエピソードを話すと、手を挙げる人が何人も出てくる。

そう、大事なのは、どんな場においても、悔いのないよう「小さな勇気」を持って行動することだ。自分を変え、人生を変えるチャンスは至る所に転がっている。

おわりに

社長になって10年を経て、改めて創業者である父の偉大さを感じた。かつてダイヤ精機に入社し、父と衝突した時、「お前にはまだ理解できないことも多い。年を重ねればわかる時が来る」と父は言った。その言葉を今、思い出す。

自分が社長という立場になって、父の言葉の意味がようやくわかるようになった。「なぜ」と反発心を抱いた言葉も、今であれば納得でき、申し訳なかったとさえ思う。父も同じように孤独を味わい、日々尽きることのない課題と闘いながら、会社を、そして社員を守るために前に進んでいたのだろう。

もっともっと経営者としての父と話をしておけばよかったと悔やんでいる。しかし、話をしたい相手は私の前にもういない。だから、せめて感謝の手紙で一方的な報告をしようと思う。

〈感謝の手紙〉

お父さん、見てくれていますか？　私、ダイヤ精機の社長になりました。もう10年になるんですよ。最後まで心配だったと思いますが、お父さんが残してくれた大切なお客様のために、やはりお父さんが残してくれた素晴らしい社員さんたちと今も変わらずゲージを作り続けています。お父さんのこだわりだった設計部門も存続しています。

博さんは最近疲れたような顔をしますが、まだまだ現役で頑張ってくれていますよ。私が就任した時、取締役を引き受けてくれました。今でも、厳しく、楽しく頑張ってくれています。

ダイヤ精機の社員1号、けんちゃんは私が社長に就任するからと定年を過ぎても会社に残ってくれました。お父さん自慢のあの大きな機械でバリバリ削ってくれています。

お父さんと犬猿の仲と言われていた岩さんもいい感じに年を重ね、私の相談相手になってくれています。まだ、若手には怖い存在みたいだけどね。私が小学生の時に入社した佐野さんは取締役となり、今や私の良きパートナーです。ゲージの知識は天下一品。

ヨッシーと石くんは副工場長に就任し、立派な職人さんとなって、若手のリーダーとしても成長しています。72歳になった宮さんも毎日会社に来て研磨をしながら、若手を指導してくれています。信さんは横浜作業所でダイヤ精機の看板を背負って頑張ってくれていますよ。親方も相変わらず怒られながら頑張っています。

そして、ムードメーカーの青ちゃん、ダンディーだった佐藤さんは私との約束を守ってくれました。最後までダイヤ精機の社員としてお父さんのいる天国へ旅立ちました。

実の兄弟のようにお父さんの面倒をみてくれた創業の父、強おじちゃんもそちらへ行きました。おじちゃんはずっと「諏訪がいなくて寂しい」と言っていました。病気にかかり、死を意識した時、お父さんの形見のスーツを着て病院へ行ったと聞いています。「諏訪のところへ行く」と。もう会えたよね？

彼らがいてくれたから、私はここまで来ることができました。本当に素晴らしい「人という財産」を譲り受けたと思っています。

あれから新しい若い社員さんも増えたんですよ。私はこれからも社員さんたちと「ものづくりに終わりはない」というお父さんの遺言を信じて、ここ大田区でものづくりに挑戦していこうと思っています。

お父さんがよく言っていた「仲間」。この言葉を発する時のお父さんは何だかうれしそうでした。そんな風に呼べる人がいること、うらやましかったです。今でも、お父さんの仲間は私にお父さんの話を懐かしそうにしています。

そして、私にも仲間ができました。困った時には助け合い、愚痴さえも笑って話せる中小企業の仲間です。近所で集まってはあーだこーだと話しています。彼らとともにこの激動の時代を乗り越えたいと思います。お父さんの歩んだ道を進んで行こうと思います。

やりたいことをやってきたお父さんだけど、やり残したこと、たくさんあったよね。夢半ばで無念だったよね。だから、見ていてください。お父さんの代わりに夢の続きを生きていきます。

そして、生きたくても生きることのできなかったお兄ちゃん。私の「貴子」という名前は「お兄ちゃんの命を引き継いだ貴《たっと》い子供」という意味ですよね。その命を大切に、2人分の人生を楽しみたいと思います。だから、私が迷子になったらそっと心にアドバイスをしてください。「そうだ。それでいい」と背中を押してください。

私はダイヤ精機の2代目として生まれて、人生を楽しむことができています。私もいつか命が尽きる時、「あ〜、私の人生楽しかった!」って言えるように生きていこうと思います。

最後に男の子として育った私からの感謝の言葉。

「お父さん、ありがとう」

どうかこの言葉がお父さんの魂に届きますように…。

この本の出版に当たり、ご担当くださった日経BP出版局の村上広樹様、ライターの小林佳代様に深く感謝申し上げます。

また、急な社長交代にもかかわらず、ご来社までいただき、ご指導いただいた元日産自動車の小島久義様、陰ながら応援してくださった元日産自動車の前島敬一様、一緒に頑張りましょうと励ましていただき、お力添えをいただいている日産自動車の三田村一広様に深く感謝申し上げます。

そして、大田区で初めて参加した新年会で1人でいた私を、「諏訪さんの娘さんで社長に就任したから」と皆さんに紹介していただき、一緒に挨拶してくださった大田区産業振興協会副理事長の山田伸顕様、私の基礎をつくってくださった旧ユニシアジェックスの関係者の皆様、そして、自信のない私を支えて勇気を与え、私の憧れとなった弁護士の佐藤りえ子様に心より感謝申し上げます。

現在、私およびダイヤ精機はお取引先、大田区、友人と多くの関係者の皆様に支えられております。この場を借りて、そうした皆様に感謝申し上げます。

そして最後に、私のわがままを許し、応援してくれる家族に深い感謝の意を記します。

皆様のご恩は一生忘れません。これからも日々尽力して参ります。どうぞ、今後とも見守っていただければ幸いです。

ダイヤ精機社長　諏訪貴子

本書は２０１４年11月に日経ＢＰから刊行した
同名書を文庫化したものです。

日経ビジネス人文庫

町工場《まちこうば》の娘《むすめ》
主婦《しゅふ》から社長《しゃちょう》になった2代目《だいめ》の10年戦争《ねんせんそう》

2024年6月3日 第1刷発行

著者
諏訪貴子
すわ・たかこ

発行者
中川ヒロミ

発行
株式会社日経BP
日本経済新聞出版

発売
株式会社日経BPマーケティング
〒105-8308 東京都港区虎ノ門4-3-12

ブックデザイン
フロッグキングスタジオ

本文DTP
アーティザンカンパニー

印刷・製本
中央精版印刷

Printed in Japan ISBN978-4-296-12037-6